星载大功率磁性器件
微放电抑制技术及其应用

Multipactor Suppression Technology in Satellite High-Power
Ferromagnetic Components and Its Application

◎李 韵 谢贵柏 李 军 李 斌 李小军 袁 方 / 著

北京理工大学出版社
BEIJING INSTITUTE OF TECHNOLOGY PRESS

内 容 简 介

本书结合中国空间技术研究院西安分院近十年来在卫星微波部件微放电效应研究领域丰富的工程经验和扎实的理论基础，详细介绍了磁性材料表面二次电子发射特性、卫星磁性器件微放电效应抑制技术的发展历史、国内外现状和技术难点，阐述了基于表面处理技术、石墨烯和原子层沉积技术的微放电抑制作用机制与方法，探讨了星载磁性器件微放电机理、抑制技术和最新进展，并展望了未来的技术发展方向，兼顾理论性和工程实用性，并具有相应的技术深度。

本书主要面向空间微波技术领域、卫星电子与通信系统专业研究人员和工程人员，亦可作为电磁场、材料、半导体等领域研究人员的参考资料，或者高等院校航天学院相关专业研究生的教学参考书。

版权专有 侵权必究

图书在版编目（CIP）数据

星载大功率磁性器件微放电抑制技术及其应用／李韵等著. — 北京：北京理工大学出版社，2022.5
ISBN 978 – 7 – 5763 – 1246 – 1

Ⅰ . ①星… Ⅱ . ①李… Ⅲ . ①星载仪器 – 磁性器件 – 放电 – 研究 Ⅳ . ①V44

中国版本图书馆 CIP 数据核字（2022）第 061263 号

出版发行／北京理工大学出版社有限责任公司
社　　址／北京市海淀区中关村南大街 5 号
邮　　编／100081
电　　话／（010）68914775（总编室）
　　　　　（010）82562903（教材售后服务热线）
　　　　　（010）68944723（其他图书服务热线）
网　　址／http：//www.bitpress.com.cn
经　　销／全国各地新华书店
印　　刷／三河市华骏印务包装有限公司
开　　本／710 毫米 × 1000 毫米　1/16
印　　张／15.5
彩　　插／16　　　　　　　　　　　　　　　　　责任编辑／曾　仙
字　　数／262 千字　　　　　　　　　　　　　文案编辑／曾　仙
版　　次／2022 年 5 月第 1 版　2022 年 5 月第 1 次印刷　　责任校对／周瑞红
定　　价／98.00 元　　　　　　　　　　　　　责任印制／李志强

序

探索浩渺宇宙，走向星辰大海，是每一代航天人的梦想与使命。随着星际探索大航天时代的逐步推进，浩瀚无垠的星际画卷必将越来越清晰，我们也将对这个世界的运行规则、对地球上的生命迭代更替有更为深入的了解。中国空间技术研究院是我国践行航天事业的排头兵。对于宇宙的探索，我国的航天人始终在路上。挑战困难，将不可能变为可能，服务航天，奉献航天，是每一位航天人的责任。

在前期研究中发现，微放电等空间效应是影响微波载荷在轨安全性的重要因素之一。随着近地空间的探索、开发与利用逐渐开展，大功率、高通量、一体化载荷成为下一代航天器的重要发展趋势，也将面临微放电风险，对其在轨安全、可靠运行和空间任务的开展造成威胁。

微放电，即二次电子倍增效应，是我们在探索太空的过程中发现的会对航天器产生影响的一种基本物理现象，与宇宙电磁辐照、充放电、表面带电、低气压放电等物理现象一样是影响航天器在轨安全可靠运行，并导致其失效的原因之一。虽然微放电最初是在地面真空电子学的研究中发现，但是受空间环境的特殊性和空间微波材料特性的影响，在航天器系统、器件中发生时需要开展必要研究。中国空间技术研究院西安分院数十年来围绕微放电开展了持续而深入的研究，承担了多项国家安全重大基础研究计划的相关任务，取得了较为突出的研究成果。大功率磁性器件微放电抑制技术作为相关研究的延续，具有工程必要性和基础研究的科学性，也将为航天器科学与技术领域中空间微波特殊效应细分领域理论和技术的完善做出应有贡献。此次课题组将大功率磁性器件微放电抑制技术研究中的基础理论和结合最新技术发展提出的一些新思路、新方法编撰成书，对于行业内从事相关研究的技术人员、高校师生和感兴趣的读者，这是较为难得的参考资料。

伟大事业都始于梦想、基于创新、成于实干。一个伟大的中国，一个强大的社会主义国家，必然方方面面都要强，要用"航天梦"来托举"中国梦"。开卷有益，衷心祝愿每一位读者在阅读的过程中汲取自己所需的专业知识，也对航天工程的特殊性和空间微波特殊效应有更为深入的了解。欢迎每一位有志之士加入对空间微波特殊效应的研究，加入航天科学与技术领域的探索，为我们更为清晰、深入地认识航天器在空间中运行时遇到的特殊物理现象提供新方法与新技术途径。

中国科学院院士

"人民科学家"国家荣誉称号获得者

前　言

　　发展天基网络与地基网络深度融合为重要特征的天地一体化信息网络，实现覆盖全球的天、空、地、海多维立体通信服务，对于提升我国综合国力、保障国家安全具有重要的战略意义。空间信息网络低成本、高竞争力的发展要求，推动高通量卫星成为空间通信发展的热点，作为信息传输与转发关键途径的星载大功率微波系统，亟需向高功率、轻量化与小型化的方向发展。介质填充微波器件能够实现电场的有效集中，有助于推动微波器件的轻量化、小型化，这将同时导致器件工作状态下的电场密度急剧加大。随着卫星通信技术的持续快速发展，通信系统及微波器件将面临更加严峻的微放电风险。针对星载磁性介质微波部件和金属微波部件的表面处理，是提高微放电阈值、发展超大功率的微波新技术，也是提升我国航天器载荷能力的关键技术之一。关于航天器金属微波部件微放电研究与传统抑制技术已有著作问世，而目前尚无专门针对星载磁性器件微放电研究及基于纳米材料与技术的微放电抑制研究专著。

　　本书对近年来星载大功率磁性器件微放电抑制技术及其应用的阶段性成果和最新进展进行了系统梳理和总结，以星载介质器件为研究对象，围绕微放电基础理论、磁性介质二次电子发射特性研究、微放电抑制传统表面处理技术、石墨烯镀膜二次电子发射抑制研究、原子层沉积技术在微放电抑制中的应用、星载大功率磁性器件和新型铁氧体环行器设计及微放电抑制技术应用等方面进行了详细介绍，系统阐述了星载大功率磁性器件微放电抑制等相关研究内容和进展。本书内容属于空间电子信息领域，主要面向从事（或即将从事）空间有效载荷大功率新技术研究的工程技术人员，以及相关高校、科研院所从事大功率微波技术领域的教师、研究生和专业科研人员。

本书由李韵、谢贵柏、李军、李斌、李小军、袁方共同完成。全书共分为 8 章，其中第 1~3 章由李韵、李斌撰写，第 4~6 章由谢贵柏、李小军撰写，第 7、8 章由李韵撰写。李韵、谢贵柏负责全书内容的架构设计，李韵、李军、袁方完成全书的统稿。

本书的研究工作得到国家自然科学基金项目（编号：12175176、61701394）、国家高层次人才特殊支持计划、陕西省特殊支持计划青年拔尖人才项目、中国航天科技集团有限公司青年拔尖人才项目、中国航天科技集团有限公司自主创新基金、中国空间技术研究院杰出青年基金项目和空间微波技术重点实验室稳定支持基金的资助。人民科学家叶培建院士在百忙之中为本书撰写了序言，并提出了许多宝贵意见；中国空间技术研究院西安分院孙勤奋研究员、崔万照研究员、胡天存、王新波、张娜、王瑞、白春江、魏焕、陈翔、白鹤等为本书的相关研究工作提供了微放电机理和测试方面的专业支持，封国宝、杨晶、苗光辉、王琪、何鋆等提供了二次电子发射与表面特性测试方面的专业支持；贺永宁教授、叶鸣副教授、王丹副教授、茅张松博士等为本书提出了建设性意见。在此，一并表示感谢！

本书以笔者的视角对目前的星载大功率磁性器件微放电抑制技术进行了总结与展望，在相关研究方面后续还将开展大量深入、系统的工作。受限于笔者的水平，书中难免有不足、疏漏之处，恳请广大专家和读者批评指正。

李　韵

2022 年 4 月于西安

目　录

第 1 章

绪　论

|1.1 概　　述|

随着航天器系统技术向大功率、小型化、紧凑设计发展，介质材料及其构成的功能器件（如微带线路[1-4]、介质滤波器[5-9]、微波开关[10-12]、环行器[13-18]等）得到越来越广泛的应用，并在电磁场不可逆传输、多路电磁传输转换等应用场所体现出不可替代的优越性能。对于大功率真空系统的更大功率需求和小型化设计而言，介质器件[19-21]（图 1-1）作为最重要的技术发展方向之一，具有体积小、质量轻、损耗低、环境稳定性高等特点；而对于高功率微波系统而言，介质窗是系统最为关键的组成部分[22-30]。

航天器位于不同的工作轨道，所处的宇宙天然辐射环境中有大量的携带一定能量的带电粒子[31]。随着输入功率的增加，卫星通信系统的主要组成部件（如输出多工器、波导腔体滤波器（图 1-2）、开关矩阵、天线馈源等关键部件）内部的强电磁场推动带电粒子运动，发生二次电子发射，并可能使二次电子与电磁场的相位变化同步，此时存在极高的微放电风险。一旦发生，将造成微波部件表面击穿效应，甚至引发气体放电等一系列连锁反应，导致器件永久性损坏，影响整星的工作性能，成为限制大功率空间微波部件向更高功率容量发展的重要技术瓶颈[32-34]。

图 1-1 卫星中的介质器件

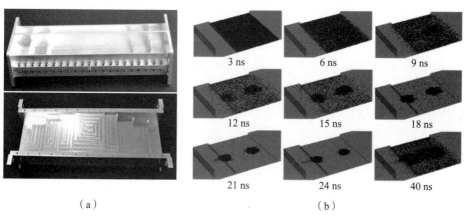

（a） （b）

图 1-2 大功率波导器件及其微放电物理过程示意图

（a）大功率波导器件；（b）微放电物理过程

　　针对微放电效应基本形成机理、分析方法与抑制技术，近几十年来国内外多家宇航机构与高校已展开研究[35-47]。但目前的研究对象主要集中在金属微波部件。介质微波部件是航天器系统技术和空间微波技术向大功率、小体积、轻质量发展的重要方向，可通过在部件设计之初进行优化，消除微放电隐患，解决制约其向高性能、高可靠、长寿命方向发展的基础问题。自 20 世纪 90 年代以来，随着航天器有效载荷系统微波功率的逐渐增大，国内外多颗卫星在研制过程中（甚至在轨）发生微放电，导致微波部件受损甚至整星失效，影响各类航天器的研制进度与在轨安全。

|1.2 基本概念|

1.2.1 二次电子倍增效应

当带电粒子以足够大的能量与材料表面碰撞时，材料表面可能激发电子出射，这种物理现象被定义为二次电子发射，这些带电粒子统称为入射电子，所激发出的电子称为二次电子。

二次电子倍增效应又称微放电效应，是指在真空环境下，电子在电磁场的作用下获得加速并入射材料表面，引发二次电子发射与电子倍增，进而导致的射频击穿现象[48]。微放电效应的研究涉及物理电子学、材料学、计算电磁学与天体物理学等多门学科交叉。

在真空环境中，空间中自由电子的平均自由程远大于器件内部间隙。所谓平均自由程，是指电子与其他粒子发生碰撞时，在两次碰撞之间所通过的平均距离。真空度越高，电子的平均自由程就越长。

对于在太空中运行的航天器而言，当空间中的自由电子在电磁场的作用下在半个射频周期内获得加速（图 1 - 3（a）（c）（e）），以一定能量和角度与器件边界发生碰撞时，可能发生二次电子发射（secondary electron emission，SEE），出射的二次电子的能量与角度服从一定分布（图 1 - 3（b）（d）（f））。二次电子发射（SEE）特性包括二次电子产额（secondary electron yield，SEY）特性和二次电子能谱（secondary electron spectrum，SES）特性。将描述 SEY 随入射电子能量变化的曲线定义为 SEY 曲线。在 SEY 曲线中，将使得 SEY 等于 1 的入射电子能量最小值定义为 E_1，即第一能量点；将使得 SEY 等于 1 的入射电子能量最大值定义为 E_2，即第二能量点。当 SEY 大于 1 时，出射电子总量将大于入射电子总量。因此，常常将 SEY 大于 1 定义为发生微放电的充分条件。若平均每次发射的二次电子数量总大于平均每次碰撞吸收的电子数量，且电子运动周期与电磁场的变化频率同步，则电子不断获得能量并加速，最终引发电子雪崩效应，即微放电效应。微放电效应发生时，对器件及系统将造成功率损耗、信号恶化、表面破坏等恶劣影响，甚至引发其他物理效应，导致系统永久性失效。

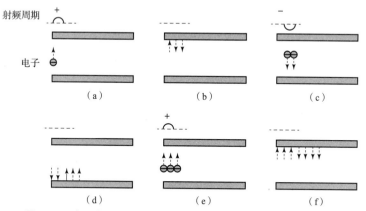

图1-3 电子在平行平板之间发生二次电子倍增效应原理示意图

（a）1/2射频正周期电子运动；（b）电子与器件表面碰撞；（c）1/2射频负周期电子运动；
（d）电子与器件表面碰撞；（e）1/2射频正周期倍增后电子运动；（f）电子与器件表面碰撞

对于介质器件而言，微放电效应的产生与演变过程比在金属器件中复杂得多。如图1-4（a）所示，当电子与介质材料表面发生碰撞时，如果出射电子少于入射电子，则经过一段时间的电荷积累后，介质材料带负电；如图1-4（b）所示，如果出射电子远多于入射电子，则经过一段时间后，介质材料带正电。在受电子束轰击时，介质材料表面的带电效应不仅影响二次电子发射，还影响出射电子的运动轨迹，因此介质微放电是一个复杂的非线性演变过程。

对于磁性介质而言，材料内部电子自旋导致存在磁偶极矩，在外磁场作用下磁偶极矩沿同一方向排列而具有磁性，对磁性介质的二次电子发射和出射电子轨迹均产生影响。相较于典型电介质，包含磁性介质而发生微放电时的影响因素更多，演变机理更为复杂。与此同时，磁性介质器件作为大功率微波系统中的关键组成部分，起到隔离收发回路、使电磁场单向传输而避免大功率反射对系统损坏等作用，其微放电风险决定了系统的微放电阈值门限。此时，需要综合考虑在射频电磁场、电荷积累场和外加磁偏置场共同作用下具体磁性器件的非线性微放电电子累积过程，才能准确揭示磁性介质微放电演变机理。

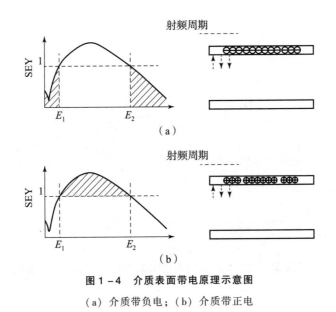

图 1 - 4　介质表面带电原理示意图

（a）介质带负电；（b）介质带正电

1.2.2　二次电子发射特性

1902 年，Austin 等[49]首次发现了二次电子发射现象，其在研究阴极射线在金属表面的反射时发现：相较于入射到金属表面的电子，金属靶材表面有一定概率出射大量的电子。如果电子仅在金属表面发生反射，那么出射的电子数目应当等于入射的电子数目，但事实并非如此。这证明了初始电子能够从材料本身激发出额外的电子。

材料在以一定能量与角度入射电子碰撞下产生的二次电子发射是决定微放电效应的关键性因素之一[50-54]。20 世纪 30 年代，二次电子发射最早由美国发明家 Farnsworth 应用于利用二次电子倍增效应的光电倍增管和电子倍增器，将非常微弱的电流放大至数百万倍。不同形貌表面不同的 SEE 特性在图像增强器、扫描电子显微镜、俄歇电子能谱仪等表面分析仪器中也得到广泛应用。

一般而言，对于工作于真空条件的微波部件（或系统），自由电子运动的平均自由程远大于微波部件内部间隙。当自由电子在微波电磁场中得到加速并与微波部件（或系统）表面发生碰撞时，从材料表面轰击出的电子统称为二次电子。此时，由材料表面发射的二次电子与电磁场互作用引起的二次电子谐振倍增，即微放电效应对于大功率微波部件（或系统）而言是一种有害效应。SEE 测量、分析与建模是微放电准确分析与有效抑制的物理基础与必要准备。

根据产生机理不同，二次电子可分为弹性背散射二次电子、非弹性背散射二次电子、真二次电子，如图 1-5 所示。

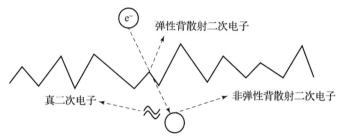

图 1-5 二次电子发射原理示意图

（1）弹性背散射二次电子。当入射电子能量 E_{in} 较高时，电子在材料表面反弹，几乎不损失能量。这部分电子称为弹性背散射二次电子，其产额为 δ_e。在微放电效应研究中，将弹性背散射二次电子也作为二次电子的一部分进行分析。电子发生弹性背散射时，参与碰撞的电子动能既不转化成其他形式的能量，也不改变碰撞材料原子的内状态。

（2）非弹性背散射二次电子。当具有一定能量的入射电子穿透材料表面时，入射电子不是从材料表面直接反弹，而是与碰撞材料表面原子互作用，然后反弹回真空。这部分电子称为非弹性背散射二次电子，其产额为 δ_r。这种情况下，入射电子与材料表面的作用机制较为复杂，入射电子损失一部分动能，出射电子能量小于入射能量。通常，认为非弹性背散射电子的能量大于 50 eV，且小于弹性背散射二次电子的能量。

（3）真二次电子。当入射电子穿透碰撞材料表面并与材料原子发生互作用时，将使得部分原子中的核外电子获得能量，摆脱原子核的束缚，并从材料表面出射。这部分电子称为真二次电子，其产额为 δ_t。若入射电子与材料互作用并被材料吸收，则 δ_t 为零。根据入射电子的能量、角度和材料核外电子的状态，一个入射电子可能出射 N 个真二次电子。真二次电子的能量一般为 0～50 eV。

当一个电子以能量 E_{in}、角度 θ_{in} 入射到材料表面时，总的二次电子发

射产额 δ_{total} 可表示为

$$\delta_{\text{total}} = \delta_t + \delta_r + \delta_e \qquad (1-1)$$

典型的金属银材料 SEY 曲线如图 1-6 所示，代表了不同入射电子能量下的二次电子产额。根据应用情况不同，所关注的 SEY 对应的入射能量段有所不同。例如，对于高功率器件，通常关注数千 eV 下的 SEE 现象；对于表面形貌分析，通常关注数十到数百 eV 下的 SEE 现象；对于微放电效应研究，通常关注低能量段（$E_{\text{in}} \leqslant 50\ \text{eV}$）和 SEY 小于 1 的能量段。SEY 为 1 时，所对应的第一能量点 E_1 和第二能量点 E_2 是决定二次电子倍增效应的临界条件之一。对应于最大 SEYδ_{max} 的入射电子能量为 E_{max}。显而易见，从 SEY 曲线中无法区分出真二次电子、弹性背散射二次电子和非弹性背散射二次电子。

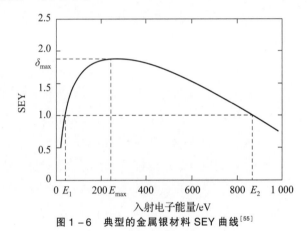

图 1-6　典型的金属银材料 SEY 曲线[55]

影响微放电效应的 SEE 特性除了 SEY 以外，还有出射电子的能量（E）分布和角度（θ）分布。定义电子与材料碰撞时出射电子的能量分布为二次电子发射能谱，则有

$$f(E) = \frac{\mathrm{d}\delta_{\text{total}}}{\mathrm{d}E} \qquad (1-2)$$

出射电子的角度分布为

$$f(\theta) = \frac{\mathrm{d}\delta_{\text{total}}}{\mathrm{d}\theta} \qquad (1-3)$$

根据能量守恒定律，可得一定入射能量下的 SEY 为

$$\delta_{\text{total}}(E_{\text{in}}, \theta_{\text{in}}) = \int f(E)\,\mathrm{d}E \qquad (1-4)$$

典型的材料 SES 曲线如图 1 - 7 所示，代表了不同出射能量的二次电子分布概率。根据不同二次电子产生的物理机制和出射能量，可将总的二次电子能量段划分为三部分，即真二次电子（0 ~ 50 eV）、非弹性背散射二次电子（50 ~ 275 eV）和弹性背散射二次电子（275 ~ 300 eV）。一般而言，二次电子发射能谱中发射概率最大的为真二次电子，此时入射电子与材料原子互作用损失较多能量，发射的二次电子能量较小；非弹性背散射二次电子呈现较为均匀的概率分布；弹性背散射二次电子在入射能量较高时从材料表面反弹，呈现弹性背散射峰。

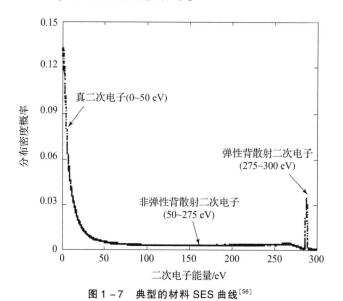

图 1 - 7　典型的材料 SES 曲线[56]

对一定入射电子能量的 SES 曲线进行积分，即可得到该入射电子能量下的 SEY。因此，根据 SES 曲线进行研究时，能对产生的二次电子进行初步分类，从而区分三种不同的二次电子。

目前，二次电子发射效应在材料表面科学、精密仪器、大功率电子器件设计等领域得到广泛而深入的研究。但是，对于微放电效应而言，受限于所关注的入射电子能量范围以及测量精度，仅有少数公开文献。

1. 2. 3　电子源

要发生微放电效应，首先必须具有一定空间浓度的持续发射的自由电子源。对于航天器微波系统而言，可能的电子源包括自由电子源、光电效应、航天器排气。

1）自由电子源

在航天器运行的典型空间范围——低地球轨道（1 000 km 以下），充斥着多种来源于宇宙天然环境的有一定能量的带电粒子，且与太阳活动和地磁活动密切相关。一些典型轨道上的带电粒子成分如表 1–1 所示[31]。

表 1–1　一些典型轨道上的带电粒子成分[31]

不同的带电粒子		地球同步轨道（GEO）	中地球轨道（MEO）	太阳同步轨道（SSO）		低地球轨道（LEO）	地球同步转移轨道（GTO）	月球探测轨道	
				高度<1 000 km	高度>1 000 km			奔月	环月
辐射带	内辐射带粒子	无	无	有	有	有	有	有	无
	SAA 区粒子	无	无	有	无	微弱	有	有	无
	极区粒子	无	无	有	有	无	无	无	无
	外辐射带粒子	有	有	无	无	有	有	无	无
太阳耀斑粒子		有	有	有	有	微弱	有	有	有
银河宇宙射线粒子		有	有	有	有	有	有	有	有
等离子体		有	有	无	无	无	无	有	有
太阳风		无	无	无	无	无	无	有	有

在 750 km 的高度上，电离层自由电子的密度一般可以从 $10^8/m^3$ 开始变化，根据太阳活动和卫星位置而有所不同。平均电子能量很低，但当存在强射频电场时，平均电子能量将很快增加。

2）光电效应

受宇宙空间辐照环境影响，电磁辐射（或粒子辐射）微波部件时，因光电效应而产生大量自由电子。

3）航天器排气

在空间环境中，航天器有效载荷各部分、水、黏结剂、涂料溶剂等存在排气性污染源，往往会长期残留在航天器表面，这些材料分子容易被电离而产生自由电子源，对于介质材料尤其明显。

当带电粒子能量较低时，只涉及带电粒子与材料分子、原子之间的动量转移与交换。当带电粒子能量特别高时（高于 1 MeV），高能辐射与原子核外电子结构之间的作用更为复杂。

微放电效应主要涉及的电子源为空间等离子体。在地面进行微放电实验验证时，首先要能够提供稳定、可靠的电子源。目前，国内外的地面微放电实验系统所使用的电子源主要分为三类：放射性源、UV 光源和电子枪。

放射性源的优点在于能够提供持续的自由电子，且大部分电子能量小于数百 eV；其缺点在于污染大、危险性高、费用昂贵。目前可采用的放射性源有 Sr90，其电子能谱如图 1 - 8 所示。

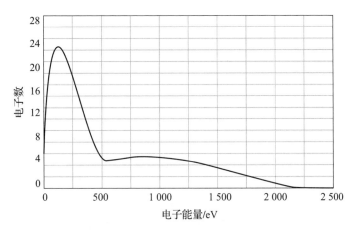

图 1 - 8　Sr90 电子能谱

UV 光源可提供侵入式电子源。将 UV 光源持续照射材料表面，利用光电效应可产生大量的低能电子。产生的电子能量为

$$E_e = h\nu - \Phi \tag{1-5}$$

式中，h——普朗克常量；

　　　ν——UV 光源的频率；

　　　Φ——材料表面势垒。

由于 UV 光源必须依赖光源和材料的互作用而产生电子，因此需要在设备表面开孔（或利用设备的开口端），将光纤伸入要产生电子的设备表

面，如图 1 – 9 所示。对于微波部件，尤其是工作在大功率条件下时，外侵的光纤会引起微波部件性能的变化，甚至引发尖端放电，因此需要谨慎处理其放置方式。

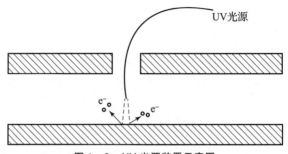

图 1 – 9　UV 光源装置示意图

电子枪常用于提供稳定、持续、具有一定能量的电子束。对于微放电实验系统，采用电子枪作为电子源的优势显而易见。首先，电子枪不会产生额外的放射性污染；其次，电子枪产生的电子源具有一定能量，聚焦性好，能够从设备的开孔（或端口）处进入设备，可提供一种非侵入式电子源，如图 1 – 10 所示。

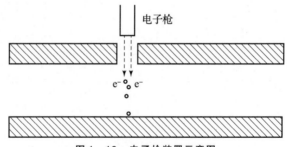

图 1 – 10　电子枪装置示意图

值得注意的是，采用这三种电子源均无法完全复现空间环境中的自由电子分布。相较于空间等离子体，地面验证系统自由电子的能量、密度和分布方式均有差别。

1.2.4　二次电子发射模型

本书采用二次电子发射理论模型对较低能量电子与材料互作用的行为模型进行唯象描述，屏蔽复杂的粒子 – 材料互作用物理过程，从带电粒子的碰撞能量与碰撞角度出发，根据出射的二次电子产额、能量分布和角度分布建立二次电子发射唯象理论模型。

对于材料二次电子发射，通常采用 1989 年由 Vaughan[48] 提出的基于解析拟合方法的经典模型及后续研究者提出的改进模型。近年来，部分研究者开始采用 2003 年由 Furman 等[51] 提出并修正的唯象模型。

对于介质材料二次电子发射，不考虑电荷的表面积累作用，将出射电子分为真二次电子与背散射电子。采用 Pendry 等[52] 和 Sanders 等[53] 提出的真二次电子模型与 Prokopenko 等[54] 提出的背散射电子模型分别进行描述，目前已广泛应用于航天器带电研究领域。这种模型的优势在于简单易于计算，但是误差较大。

实际应用技术中介质表面 SEE 发射特性研究所涉及的具体介质材料较为广泛。针对航天器空间应用领域，还需要考虑介质的稳定性和放气特性，所用介质材料的选择受到限制。

表 1 – 2 给出了部分航天器系统常用介质的表面二次电子发射特性参数。由于材料表面状态及测试条件不同，不同的课题组与研究人员给出的同种材料 SEY 测试参数会有一定差异。在本书中针对航天器有效载荷系统中常用金属、介质材料，在国内典型工艺条件下对二次电子发射特性进行了实验测试与相关研究。在表 1 – 2 中给出了部分航天器系统常用介质的表面二次电子发射特性参数，供参考。

表 1 – 2　部分航天器系统常用介质的表面二次电子发射特性参数

介质材料	SEY 峰值 δ_{max}	δ_{max} 对应的入射电子能量 E_{max}/eV
SiO_2（石英晶体）	2.4	400
Al_2O_3（蓝宝石晶体）	7.8	650
聚四氟乙烯（Teflon）	2.3	380
聚酰亚胺（Kapton）	1.7	150
镁钙尖晶石	4.2 ~ 4.9	650 ~ 800
镍锌铁氧体膜（铝箔基片）	2.5	~275
锰锌铁氧体膜（铝箔基片）	1.8	~350
TiN 薄膜（铝基片）	1.5	~250

1.2.5　微放电阈值

通常将引起设备（或系统空间）中电子数目不再随时间发生变化时的输入功率或电压值定义为微放电阈值。当输入功率高于微放电阈值时，将发生微放电效应；当输入功率低于微放电阈值时，则不会发生微放电效应。

根据微放电的定义可知，当微放电发生时，电子数目随时间呈指数增长。目前已有的研究资料中，亦常将电子数目随时间持续增长作为判定微放电发生的条件。

对于结构简单的器件而言，初始电子在电磁场的作用下获得加速，反复与器件表面碰撞发生二次电子发射。若 SEY 总是小于入射电子值，则空间的总电子数逐渐减少，不会发生微放电效应。若 SEY 总是大于入射电子值，则空间的总电子数逐渐增加，将发生微放电效应。此时，将微放电阈值定义为 SEY 约等于入射电子值时的输入功率或电压。因此，文献中常将等效 SEY 约等于 1 时的输入功率或电压值定义为微放电阈值。

随着微波技术的发展，器件结构和功能越来越复杂。对于结构复杂、强谐振、输入信号不是单个载波的器件而言，空间的电子数目可能出现随时间变化先增大再减小，或先减小后增大，或随时间周期而谐振等情况。此时，将微放电阈值定义为在一定时间周期内，电子数目随时间不再倍增（或倍减）时的输入功率或电压。

1.2.6　单载波、多载波、调制波微放电

根据传输进入器件、设备或系统的电磁场信号类型，可以将微放电效应划分为单载波、多载波、调制波微放电。

单载波微放电是指输入电磁场信号的频率是单个频点时发生微放电效应，输入信号为

$$x(t) = A_0 \sin(2\pi f_0 + \varphi_0) \tag{1-6}$$

式中，A_0——电磁场信号强度；

　　　f_0——电磁场频率；

　　　φ_0——初始相位。

图 1-11 所示为典型的单载波电磁场信号。

多载波微放电一般是指输入电磁场信号由 N 路单载波合成时发生微放电效应，输入信号为

$$x(t) = \sum_{i=1}^{N} A_i \sin(2\pi f_i + \varphi_i) \qquad (1-7)$$

式中，A_i——第 i 路信号的幅度；

f_i——频率；

φ_i——相位。

图 1 – 12 所示为典型的多载波电磁场信号。

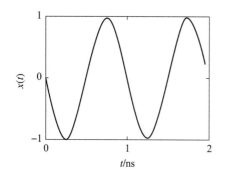

图 1 – 11　典型的单载波电磁场信号　　　图 1 – 12　典型的多载波电磁场信号

调制波微放电一般是指输入电磁场信号是调制信号时发生微放电效应。根据调制信号的类型不同，可分为频率调制信号、幅度调制信号和相位调制信号。

|1.3　星载介质微放电数值模拟技术

发展简史与技术难点 |

近几十年来，随着介质材料特性研究的深入，介质微波部件在星载微波系统中的应用取得长足的发展。与传统金属微波部件相比，介质微波部件具有功率容量大和体积、质量大幅度减小的绝对优势，与空间微波技术向大功率、小体积、轻质量发展的需求非常吻合。目前，介质滤波器、多工器、环行器、隔离器和移相器等介质微波部件已经在卫星有效载荷系统

中得到应用。图 1 – 13 所示为两类常用的介质微波部件——介质腔体谐振滤波器和铁氧体介质环行器。

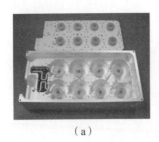

（a） （b）

图 1 – 13 典型介质微波器件

（a）介质腔体谐振滤波器；（b）铁氧体介质环行器

过去数十年间，虽然在通信、遥感和雷达卫星等航天器的大功率器件设计方面已取得明显进步，但微放电问题依然突出。针对金属微波部件，微放电效应研究在 21 世纪初期已经取得一些成果。

针对微放电机理研究，早期研究者提出了平行平板等效近似及单电子蒙特卡洛仿真方法作为微放电分析的传统分析方法，适用于微波部件局部强场强区域的近似等效；通过解析求解电磁场分布并结合洛伦兹方程，获得电子轨迹与电子数目随时间变化的曲线；初步揭示了微波部件金属 – 金属双边微放电机理，建立了发生双边微放电的充分条件：

（1）真空度 $\leqslant 10^{-3}$ Pa，使得自由电子平均自由程远大于微波部件强场强区域间隙，电子在与微波部件边界碰撞之前不会与其他粒子碰撞。

（2）材料表面 SEY 最大值大于 1。

（3）电子在两次碰撞之间来回运动的时间周期与电磁场随时间变化的周期的奇数倍可比拟，该条件使得电子从材料中出射时总能够从电磁场中获得加速。

介质微放电数值模拟技术涉及真空中自由电子、材料表面积累电荷、电磁场的互作用。通过数值模拟技术在二维（或三维）空间复现真空中的自由电子在电磁场的作用下与材料互作用，可产生二次电子发射，并与材料反复碰撞，最终获得电子在三维空间随时间变化，发生湮灭、倍增或饱和的物理图像。介质微放电数值模拟技术形象而直观地揭示了大功率电磁场输入条件下器件中发生微放电的物理过程，以及电子云与材料互作用的非线性过程，是微放电分析、抑制与大功率器件设计的重要技术手段。

从 20 世纪初在真空管中发现微放电效应以来，微放电分析经历了击穿电压解析计算、等效模型分析、统计计算、解析算法与蒙特卡洛模拟相结合，以及粒子模拟技术等发展过程，时间跨度历经 20 世纪 50 年代至今的半个多世纪，与当时的学科整体技术发展水平密切相关。

自 20 世纪 90 年代以来，全球主流空间机构均开始开展微放电分析相关研究，取得了一定成果。在前期，主要针对高功率微波（high power microwave，HPM，如磁控管、速调管、行波管、返波管等）展开研究；近年来，基于自由激光器、相对论衍射发生器、虚阴极振荡器等新型器件中粒子与波互作用的仿真研究也逐渐开展。随着介质微波部件在空间的逐渐应用，以及下一代卫星对更高功率、更大数据传输率的需求，国内外针对大功率介质微波部件进行的微放电研究日趋活跃，主要研究机构有欧洲空间局（ESA）、瑞典查尔姆斯理工大学、西班牙瓦伦西亚理工大学、俄罗斯科学院应用物理研究所（IAP）、俄罗斯科学院地球物理研究所（IGP）、美国密歇根大学、加拿大宇航局下属 Comdev 公司，国内主要研究机构有中国空间技术研究院西安分院、西安交通大学和东南大学等。

传统的金属结构微波部件微放电效应分析与研究往往基于无穷大的平行平板结构进行，近年来针对矩形结构[38-39]、同轴结构[40-41]、椭圆结构与脊波导结构[42-43]的封闭式微波部件的微放电机理研究相继展开。对于封闭式微波部件而言，当微波部件正常工作时，若空间中的自由电子在电磁场的作用下运动并与金属表面发生多次反复碰撞，且工作频率、电磁场强度、电磁场分布、金属材料二次发射特性等因素满足一定条件，则碰撞时产生的二次电子数目将持续倍增，从而在微波部件的金属表面引发局部放电现象。

基于第一性原理的粒子模拟（particle in cell，PIC）方法对物理实际所做的简化很少，非常适合模拟电子与电磁场非线性互作用过程[57-60]。粒子模拟方法采用宏粒子或粒子云模型[58]代表体积约为德拜球大小的空间内的实际电子，是目前国际上在航天器微波部件与空间电子相互作用研究领域先进的数值模拟方法，对于揭示复杂的物理过程、发现新的物理规律有着非常重要的作用。在 ESA 支持下，达姆施塔特工业大学、瑞士联邦高级工业大学和 Tesat 公司联合开展了基于 PIC 算法的微波部件微放电数值模拟仿真研究[37-39]，并利用实验结果对微放电模型进行修正，于 2006 年联合开发了微放电效应数值模拟软件 FEST3D，但该软件仅可针对矩形波导结构的特定类型微波部件进行微放电分析，且忽略了电子与金属材料碰撞时可能发生的背向散射和反射。

瑞典查尔姆斯理工大学的 Udiljak 等[40]在经典平行平板结构微放电研究的基础上针对同轴传输线展开了微放电机理与数值模拟研究。针对不同内外径比的同轴线建立了单边和双边放电理论，并在此理论基础上采用 PIC 方法进行微放电效应的二维数值模拟[41]，为同轴结构微波部件的微放电研究提供了理论依据。

为解决更复杂结构的微波部件的微放电分析问题，莫斯科工程物理学院的 Gusarova 等[42]开发了典型结构加速器的微放电效应数值模拟软件 MultP 及其改进版本 MultP – M，基于外加电磁场对电子运动过程进行模拟，不考虑电子对电磁场的互作用[43]。瑞典查尔姆斯理工大学、法国宇航局和加拿大 ComDev 公司分别采用 PIC 方法结合统计分布和蒙特卡洛方法针对特定的微波部件开展了微放电数值模拟方法研究[44-46]。

国内在近些年来，中国空间技术研究院西安分院、中电十四所、清华大学、西安交通大学、浙江大学、电子科技大学等单位逐渐开展微放电效应基础理论与数值模拟研究工作[47,55-56,61]。其中，中国空间技术研究院西安分院联合西安交通大学、东南大学，经过多年的技术与研究积累系统提出了微放电电磁粒子联合仿真与阈值分析方法，研发了微放电数值模拟与分析平台 MSAT。MSAT 采用电磁波时域有限差分（finite difference time domain，FDTD）方法求解微波部件内部时变电磁场分布，通过粒子模拟方法（PIC）计算微波部件内部空间电子随时间的演化过程，实现微放电数值模拟分析。MSAT 通过耦合电磁场计算与粒子非线性运动推进，加入考虑金属微波部件表面实际工况特性的二次电子发射模型，实现微放电三维仿真与阈值分析，可在三维空间复现微放电起始、演变与饱和的完整物理过程。根据文献资料，实际微波部件微放电阈值仿真结果与微放电测试结果吻合良好[55-56,61]。

相比于常见金属表面微波部件微放电数值模拟，介质微波部件微放电数值模拟要复杂得多。首先，介质材料表面二次电子发射机理更为复杂，涉及内二次电子碰撞电离损失和表面电荷积累等复杂的物理因素，目前介质表面 SEY 理论模型还不能对多种因素进行综合分析。其次，介质微波部件微放电分析涉及介质微波部件的准确建模、介质表面放气过程模拟、介质表面电荷积累对电磁场的耦合自洽作用等物理过程。这些方面因素给介质表面微放电仿真与分析带来进一步挑战。

目前对介质微波器件中微放电问题的研究工作并不多，大多数研究工作都集中在高功率微波介质窗和介质填充加速结构方面。根据物理问题进行仔细区分：在微波介质窗和介质填充加速结构中，射频电场矢量方向与介质表面基本上是平行的；而在介质填充或含有介质的微波器件中，射频电场矢量方向与介质表面以垂直的情况为主（射频电场的矢量方向取决于具体传输的电磁场模式）。

针对射频电场矢量方向与介质表面平行的情况，微放电以单边放电效应为主，即仅在单介质表面发生电子积聚与倍增。目前的分析方法中，主流研究方向可以分为解析方法与数值方法。关于解析方法，美国密歇根大学的 Lau 教授及其课题组从 20 世纪 90 年代起开展考虑空间电荷效应的介质微波部件微放电分析方法研究，属于本领域的开创性工作，取得了一定成果，形成了较为系统的方法[62-64]。如图 1-14 所示，对于存在单介质材料表面的物理等效模型，射频电场 E_{rf} 平行于介质表面，而介质表面二次电子发射导致的表面电荷积累场 E_{DC} 垂直于介质表面，综合考虑 E_{rf} 与 E_{DC} 带来的影响，解析求解得到微放电电子运动轨迹方程以及从电磁场中获得的能量、对电磁场功率的影响。该系列方法对实际微波部件（或系统）采用了大量近似，将射频电磁场等效为单频电磁场，将所有物理结构等效为无穷大平行平板或单平板，因此获得的结果仅适用于二维简单平板结构的介质微放电理论分析。这代表了该方面国外主流

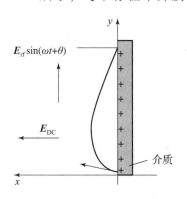

图 1-14 介质微波部件单边微放电分析原理图[62]

研究思路，在多家研究机构的理论研究结果中有引用与重述。但是，该方法并不适用于实际微波部件，尤其不适用于复杂结构微波部件介质微放电三维数值仿真与微放电阈值分析。

关于微放电数值方法，Ang 等[65]、Zhang 等[66]提出了基于解析方法的敏感曲线分析方法。其采用解析方法得到介质表面电子在平行电磁场驱动下的运动轨迹方程，结合蒙特卡洛随机分析方法，得到了 N 个电子的运动轨迹与平均二次电子发射，获得基于一定电磁场射频工作频率与静态电场下，不同二次电子发射特性的敏感曲线，可用于平行介质平面上击穿场的计算。国防科技大学的 Cheng 等[67]采用相似的研究思路得到了平行介质平板上的微放电敏感曲线，结果与文献［65］的研究结果趋势吻合良好。该方法与金属微波部件敏感曲线的局限性一致，针对平行平板结构能够进行微放电阈值分析，且分析结构精度非常有限，无法针对复杂结构实际电磁场分布下的介质微放电进行分析。可以推断，随着研究的深入与完善，介质放电敏感曲线不会成为介质放电仿真研究的主流方向，其被更先进的数值模拟方法取代将是技术发展的必然。

俄罗斯应用物理研究所的 Sazontov 等[68-69]采用电磁计算结合蒙特卡洛方法实现了介质表面单边微放电效应分析。首先，获得复杂结构微波部件内部电磁场分布，初始电子在空间中服从一定分布（如麦克斯韦分布、高斯分布和瑞利分布）；其次，根据电子的驱动方程计算电子轨迹，在每次碰撞时按照 Vaughan 模型计算二次电子发射，通过 N 次迭代求得平均 SEY，并根据平均 SEY 是否趋向于 1 判断微放电阈值。在此过程中忽略磁场的影响，未考虑电磁场与电子的自洽互作用。

西北核物理研究所的常超等[70-74]基于图 1 - 14 所示的单边介质窗基本物理结构，通过求解一阶泊松方程与边界条件得到介质窗表面的空间电荷势能和场、粒子密度分布和微放电饱和边界，从理论上分析了正/负空间电荷场对微放电效应饱和过程的不同作用机制。该课题组的系列研究具有两大特点，其一是采用泊松方程解析求解表面电荷分布，其二在于采用二维 PIC 计算仿真电子轨迹。

综上所述，基于蒙特卡洛模拟微放电数值模拟方法的局限性在于忽略了磁场对电子运动的影响、没有考虑电子运动对电磁场的自洽耦合作用，仅适用于简单的典型结构介质微放电分析，如平行介质平面。

以上介质放电仿真方法皆以大功率介质窗为研究对象，代表了国内外研究的主流研究方向与主要研究成果。

随着空间微波技术的发展与下一代卫星大功率、小型化、轻量化需求逐步凸显，星载介质微波部件微放电仿真与分析逐渐引起各国研究者的注意，并提出了多种分析方法。与高功率微波介质窗微放电相比，介质微波部件微放电效应具有以下特点：

（1）输入功率相对较低。与高功率微波动辄上吉瓦（GW）量级的输入功率相比，大功率介质微波部件的输入功率一般在几十瓦（W）到几千瓦量级，近期也出现了上万瓦的功率需求。

（2）介质微波部件中电磁场的分布更为复杂。介质窗中射频电场大都平行于介质窗表面；而在介质微波部件中，由于传输电磁场的模式不同，电磁场矢量方向既可能与介质表面垂直也可能平行于介质表面，且在存在电磁场不连续性的位置处电磁场矢量方向与介质表面的相对关系更为复杂。

（3）介质微波部件的物理结构更复杂，涉及谐振腔体结构、圆弧曲面结构、波导变换关节等；电磁场的非均匀分布特性更为明显，无法采用解析方法获得电磁场分布，很多情况下只能采用数值方法进行电磁场计算。

（4）与介质窗相比，介质微波部件往往不是完全由介质构成，涉及部分金属腔体或金属平板，在进行微放电分析时必须同时考虑金属材料与介质材料的二次电子发射特性。

在微波部件介质微放电基础物理问题的研究方面，以理论和数值模拟研究为主，目前已经建立起基本的物理模型。在解析方法方面，主要有基于单粒子运动的传统动力学方法与概率统计方法；在数值方法方面，主要有蒙特卡洛模拟方法与 PIC 方法。近年来的工作聚焦在关键物理参数对击穿阈值影响规律、微放电饱和效应方面，以及相关的基础研究工作。

在前述针对微波介质窗开展的微放电分析研究中，主要研究集中在工程上如何提高击穿阈值和复杂情况的分析，比如采用外加纵向直流磁场、表面改性和刻槽抑制放电，以及圆极化波辐射、介质窗的内外表面放电的区别等方面[75]。对介质填充加速结构[76]的相关研究也集中在如何采用外加纵向直流磁场、表面改性和刻槽抑制放电、提高击穿阈值三个方面，以及器件结构优化和介质表面吸收功率比例分析等。

针对介质微波部件微放电分析，各国空间研究机构与相关学校、研究院所已经逐渐展开研究。Kishek 等[77-80]基于解析方法首先研究考虑空间电荷效应后的微放电饱和机制。如图 1 – 15 所示，由于空间电荷效应，当微放电过程在具有一定品质因数的谐振腔体中形成时，电子在空间呈片状分布，且下一时刻发射的二次电子对上一时刻的电子层有排斥和吸收的作用，最终形成微放电饱和和相位聚焦新机制。该系列工作从理论上初步研究和探讨了介质微放电与金属微放电的不同之处，但此时尚未考虑介质表面的电荷积累效应，也没有考虑电荷对电磁场的作用，为后续研究进一步开展做出了铺垫。

图 1-15 中，R、L、C 分别表示射频谐振器等效电路的电阻、电感和电容；I_d 表示射频谐振器腔等效电流源；D 表示微放电产生位置处谐振腔间距；$x_1(t)$ 表示微放电过程中上一时刻等效电子层运动位移，$x_2(t)$ 表示微放电过程中下一时刻等效电子层运动位移；σ_1 表示上一时刻等效电子层电量，σ_2 表示下一时刻等效电子层电量。

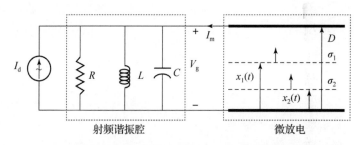

图 1-15　考虑空间电荷效应后微放电对微波射频谐振腔的影响[79]

在此基础上，西班牙瓦伦西亚理工大学的 Vicente 等[81-85]基于空间电荷效应研究了介质填充平行平板微放电作用机理，基于单粒子运动轨迹追踪进行微放电分析，采用 Fortran 语言实现了一维仿真算法，获得了电子轨迹随时间变化的曲线。

进一步地，西班牙瓦伦西亚理工大学的 Anza 等[86]基于欧空局支持项目拟开展三维空间介质填充微波部件微放电数值仿真方法研究，采用粒子模拟方法结合蒙特卡洛模拟方法进行粒子踪迹追踪，并拟加工窄间距的介质波导进行微放电验证。

在介质填充微波器件的研究方面，Torregrosa 等[87]采用传统动力学分析方法和单粒子轨迹追踪方法分析了介质填充平行平板传输线中的微放电问题，提出介质填充可以降低发生微放电的风险。之后，该课题组进一步采用实验测量获得的 SEY 曲线，计算获得不同介质材料相应的平板传输线中的微放电敏感区域，并对同轴介质谐振腔波导滤波器中的微放电现象进行了模拟研究，获得微放电阈值随频率、间隙乘积的变化规律，Gonzalez - Iglesias 对平板传输线中填充铁氧体的情况进行了数值模拟[88-89]。

总之，对于介质填充微波器件或者包含介质材料的微波部件微放电研究，公开报道的研究工作较少，而且主要限于平板传输线情况。在研究方法方面，主要为基于传统电子动力学的理论分析方法和蒙特卡洛模拟方法，且研究结果没有与实验结果进行充分比对验证。

真空一侧射频击穿的难点主要是介质材料放气和后续电离的定量分析，因为介质材料的解吸附系数、电子的分布规律及各种反应截面的数据都很难获得，介质放气密度随时间及电离度的变化还不清楚。

俄罗斯科学院的 Ivanov 等[90]基于 PIC 方法研究了高功率微波部件中的介质微放电现象，建立了 2D3V 算法模型，即微波结构是二维平面结构、速度是三维分布。微放电数值计算涉及微波场中的电子运动方程求解、电子在空间电荷场中的运动求解和介质/金属表面二次电子发射求解，可以针对微放电演变和饱和过程进行仿真。与仿真相关的微放电验证实验在俄罗斯科学院等离子体物理学院进行[91-92]。

在国内，清华大学、西安交通大学、西北核物理研究所等单位针对介质窗放电与击穿进行了一定研究，取得了理论研究与二维仿真结果，且近年来逐步开展算法模型研究工作。

1.4 星载介质微放电抑制技术发展简史与技术难点

介质微放电效应作为高真空系统及其组件中带来潜在危险的基础物理效应之一，其抑制技术及大功率真空器件抗微放电设计技术自 20 世纪发现微放电效应以来受到广泛的关注。不同于真空电子管、阴极射线管及光电阴极技术中需要利用微放电效应产生大量电子云，在大功率航天器系统、高功率微波系统中，需要对微放电效应进行抑制，以消除由其引发的系统性能恶化、器件损坏等不利影响。

随着介质微波部件在下一代航天器载荷中的逐渐兴起与广泛应用，美国国家航空航天局（NASA）、欧空局（ESA）等国际宇航机构与研究机构逐渐开展了介质微放电抑制方法与技术研究。

材料表面的二次电子发射特性是影响器件微放电阈值功率最关键的因素，直接决定器件微放电阈值的大小。传统的介质微放电抑制方法主要分为两类：器件优化设计；优选低二次电子发射特性介质材料。其中，器件优化设计一般采用增加体积和介质填充的方法。增加体积微放电抑制方法主要通过增大器件最大电磁场强度处电子与器件边界碰撞的间距，使得电子两次碰撞之间的距离增大，同时降低电磁场强度，实现微放电阈值功率的提高。由于航天器系统及其组件的体积和质量严重受控，因此通过增加器件物理尺寸提高微放电阈值的方法存在很大的局限性。同时，受限于工作频率与电性能要求，通过增大物理尺寸提高微放电阈值的范围十分有限，体积增大和相应的质量增加将给空间应用带来高昂的代价，在很多应用情况下是不可能实现的。介质填充方法是指通过在介质微波部件中发生微放电的真空区域填充固体介质或惰性气体，破坏微放电发生的充分条件，使得二次电子倍增的路径被阻断，从而实现微放电抑制。然而，填充固体介质往往带来额外的损耗，填充惰性气体难以解决封闭性技术难题，因此介质填充方法在实际应用中有固有的局限性。

根据Joy[93]的研究，具有类似材料属性（如介电常数）的介质材料可能具有差异非常大的二次电子发射特性。因此，可以通过优选使用低二次电子发射特性介质材料来有效抑制微放电效应。

随着纳米科学技术与材料表面科学的发展，从20世纪90年代至今，美国及欧洲的高校、相关领域的研究所开展了基于表面微结构抑制二次电子发射与微放电的研究，并初步应用于航天器大功率金属微波部件。前期的研究结果表明，表面微结构对于金属材料是一种行之有效的二次电子发射抑制方法，实验验证了具有一定结构金属铜表面的二次电子发射抑制效果[94]。2014年，西班牙瓦伦西亚理工大学大功率射频实验室提出了纳米尺度的表面处理技术，包括物理磁控溅射、化学沉积和磁性材料薄膜等二次电子发射抑制方法，实现了在低能区将二次电子发射抑制50%以上，将金属微波部件微放电阈值功率提高7 dB以上[95]。西班牙材料科学研究院的Isabel教授课题组提出了基于化学刻蚀和物理磁控溅射的多层微放电抑制膜层技术，表面粗糙度小于10 μm[96]。

Jing等[97-99]提出了基于外加轴向磁场抑制介质加载加速器结构微放

电的方法，将外加磁场的大小与轴向均匀性进行优化，较好地实现了介质微放电抑制。俄罗斯应用物理研究院的 Ivanov 等[100]提出了一种在介质器件表面外加静态电场的方法抑制微放电。俄罗斯科学院的 Kossyi 等[101]于 2014 年提出了在环行器表面涂覆碳颗粒的方法进行微放电抑制，但未公布实际工艺条件与微放电抑制效果。

针对微放电抑制，国内近年来在理论与实验中取得了较大突破。西安交通大学贺永宁教授课题组主要集中于采用化学刻蚀、物理磁控溅射和微图形光刻等表面工艺技术，实现了二次电子发射抑制和抗微放电设计，建立了表面微结构中的电子轨迹追踪方法与表面二次电子发射特性计算方法，获得了低二次电子发射特性分析与设计方法[102-104]，提出了基于网孔波导实现微放电抑制，并进行了仿真验证[105]。

西北核物理研究所的常超等人于 2009 年提出了在高功率介质窗表面加载梳齿状结构，结合电磁场相位变换规律，实现介质窗表面微放电抑制[106-110]；于 2010 年提出通过外加静磁场使得介质材料表面入射电子能量远大于第二能量点，从而从理论上实现了介质窗表面微放电抑制[111-113]。梳齿状结构尺寸在毫米（mm）量级，对于工作于 GHz 频段的微波部件，这将极大地影响电性能参数，因此不适用于微波部件的微放电抑制；而外加静磁场的设备体积和质量庞大，不适用于航天器大功率微波部件实际工程需要。2017 年，常超等[114-116]提出采用表面三维波纹微结构抑制双边金属微放电并进行了实验验证，还开展了介质窗微放电实验研究[73,116]。

综前所述，介质材料二次电子发射理论模型与实际工况条件下的二次电子发射实测数据较为缺乏。针对实际表面状态研究介质材料二次电子发射理论模型，将为介质微放电数值模拟和抑制提供关键基础数据。与金属相比，电子与介质材料发生碰撞时，介质材料发生带电现象，表面积累电荷不仅影响二次电子发射，更对出射后的二次电子运动产生影响，其影响程度与入射电子数目直接相关。真空环境下，空间中的自由电子将与介质材料发射的二次电子、材料表面积累电荷、空间电荷效应、电磁场发生耦合非线性作用，在不同的条件下衍生不同的介质微放电演变机理。由于磁性介质的材料致密度、强度和硬度等物理特性和制备过程均与金属存在显著差别，因此对金属材料适用的工艺方法和条件可能不再适用。

|1.5 本章小结|

本章介绍了二次电子倍增，即微放电相关的基本概念，阐述了卫星介质微放电数值模拟技术和抑制技术的发展历史、存在技术难点和发展现状，对国内外相关研究单位和现有技术进行了简要的概括和总结，以便读者对相关基础知识有初步的了解和认识。

参 考 文 献

［1］ SEMENOV V E, RAKOVA E I, SAZONTOV A G, et al. Simulations of multipactor thresholds in shielded microstrip lines ［J］. Journal of Physics D：Applied Physics, 2009, 42 （20）：205204.

［2］ MISHRA K, RATHI D, GEORGE S, et al. Conditioning technique for high power RF vacuum transmission line components using multipactor plasma ［J］. Journal of Physics：Conference Series, 2010, 208：012017.

［3］ CAMERON R J, KUDSIA C M, MANSOUR R R. Microwave filters for communication systems：fundamentals, design, and applications ［M］. New York：John Wiley & Sons, 2007.

［4］ SCHAUMANN R, XIAO H, VAN VALKENBURG M E. Design of analog filters ［M］. 2nd ed. Oxford：Oxford University Press, 2009.

［5］ YU X, TANG X, WANG J, et al. A kind of coaxial resonator structure with low multipactor risk ［J］. Progress in Electromagnetics Research Letters, 2013, 39：127 – 132.

［6］ YU M. Power handling and temperature compensation design for passive Microwave devices ［C］∥ The 40th European Microwave Conference, Paris, 2010：351.

［7］ WANG Z, LUO Y, CUI W Z, et al. Controlling the field distribution in waveguides with transformation optics ［J］. Applied Physics Letters,

2009，94（23）：9794.

［8］ YE M，LI Y，HE Y，et al. Study of multipactor suppression of microwave components using perforated waveguide technology for space applications ［J］. Physics of Plasmas，2017，24（5）：193501 – 4947.

［9］ ILYAKOV E V，KULAGIN I S，KUZIKOV S V，et al. Cross – field multipactor discharge in X – band cylindrical cavity ［C］// The 2nd International Particle Accelerator Conference（IPAC 2011），2011.

［10］ 李韵，杨晶，崔万照，等. 一种航天器有效载荷新型高功率微波开关 ［J］. 微波学报，2017，33（2）：32 – 35.

［11］ 代治兴，史学飞，马建英，等. 宇航用微波开关继电器的微放电设计浅析 ［J］. 机电元件，2017，37（4）：13 – 15.

［12］ 张楚贤，田亚伟，姜东明，等. 密封式空间用微波开关：CN102569948A ［P］. 2012.

［13］ SEMENOV V E，RAKOVA E，BELHAJ M，et al. Preliminary results on the multipactor effect prediction in RF components with ferrites ［C］// IEEE Vacuum Electronics Conference，2013：1 – 2.

［14］ 翟永贵，王瑞，王洪广，等. 铁氧体环形器微放电阈值快速粒子模拟 ［J］. 真空电子技术，2017（2）：11 – 13.

［15］ HUBBLE A A，CHAPLIN V H，CLEMENTS K A，et al. Multipactor breakdown threshold reduction due to magnetic confinement in parallel fields ［J］. IEEE Transactions on Plasma Science，2017，99：1 – 5.

［16］ VAGUE J，MELGAREJO J，BORIA V E，et al. Experimental validation of multipactor effect for ferrite materials used in l – and s – band nonreciprocal microwave components ［J］. IEEE Transactions on Microwave Theory and Techniques，2019，67（6）：2151 – 2161.

［17］ GONZÁLEZ – IGLESIAS D，GIMENO B，BORIA V E，et al. Multipactor effect in a parallel – plate waveguide partially filled with magnetized ferrite ［J］. IEEE Transactions on Electron Devices，2014，61（7）：2552 – 2557.

［18］ GONZALEZ – IGLESIAS D，MONERRIS O，GIMENO B，et al. Novel multipactor studies in RF satellite payloads：single – carrier digital modulated signals and ferrite materials ［C］// IEEE MTT – S International

Conference on Numerical Electromagnetic and Multiphysics Modeling and Optimization for RF, Microwave, and Terahertz Applications (NEMO), Seville, 2017: 248 – 250.

[19] STRATAKIS D, GALLARDO J C, PALMER R B. Effects of external magnetic fields on the operation of high – gradient accelerating structures [J]. Nuclear Instruments & Methods in Physics Research, 2010, 620 (2/3): 147 – 154.

[20] STRATAKIS D, GALLARDO J C, PALMER R B. Enhancement of accelerating field of microwave cavities by magnetic insulation [J]. Nuclear Instruments and Methods in Physics Research Section A: Accelerators, Spectrometers, Detectors and Associated Equipment, 2011, 643 (1): 1 – 5.

[21] STRATAKIS D. A hybrid approach for generating ultra – short bunches for advanced accelerator applications [J]. Nuclear Instruments and Methods in Physics Research Section A: Accelerators, Spectrometers, Detectors and Associated Equipment, 2016, 821 (11): 1 – 7.

[22] VALGELLS A, ANG L K, LAU Y Y, et al. A theory of RF window failure [C] // 1999 IEEE International Conference on Plasma Science, 26th IEEE International Conference, Monterey, 1999: 105.

[23] IVANOV V A, SAKHAROV A S, KONYZHEV M E. Strong local interaction of microwave discharges with solid dielectrics in vacuum [J]. IEEE Transactions on Plasma Science, 2015, 43 (6): 1871 – 1878.

[24] CHANG C, VERBONCOEUR J, GUO M N, et al. Ultrafast high – power microwave window breakdown: nonlinear and postpulse effects [J]. Physical Review E: Statistical, Nonlinear, and Soft Matter Physic, 2014, 90 (6): 063107.

[25] HAO X W, ZHANG G J, QIU S, et al. Investigation on dielectric window treelike breakdown and suppression under HPM in vacuum [J]. IEEE Transactions on Plasma Science, 2010, 38 (6): 1403 – 1410.

[26] 韩晨, 周东方, 余道杰, 等. 混合场介质表面单边次级电子倍增效应统计 [J]. 强激光与粒子束, 2014, 26 (8): 083006.

［27］ SAZONTOV A G, NECHAEV V E, VDOVICHEVA N K. The susceptibility diagrams of a multipactor discharge on a dielectric: effects of RF magnetic field ［J］. Applied Physics Letters, 2011, 98 (16): 2120.

［28］ CHENG G, LIU L. Temporal evolution of multipactor electron discharge on a dielectric under excitation of high – power microwave ［J］. IEEE Transactions on Plasma Science, 2011, 39 (4): 1067 – 1074.

［29］ QIU S, HAO X W, ZHANG G J, et al. Tree – like breakdown phenomena of dielectric window under X – band high power microwave in vacuum ［J］. IEEE Transactions on Dielectrics and Electrical Insulation, 2010, 17 (3): 971 – 977.

［30］ LOCKWOOD N P, CARTWRIGHT K L, LAU Y Y, et al. Electron multipactor discharge on a dielectric in a finite geometry ［C］// The 33rd IEEE International Conference on Plasma Science, Traverse City, 2006: 322.

［31］ 王立, 郭树玲, 徐娜军. 卫星抗辐射加固技术手册 ［Z］. 北京: 卫星抗辐射加固技术手册编写组, 2010: 1 – 28.

［32］ WOODE A, PETIT J. Investigation into multipactor breakdown in satellite microwave payloads ［J］. ESA Journal, 1990: 467 – 468.

［33］ ROZARIO N, LENZING H. Investigation of Telstar 4 spacecraft Ku – band and C – band antenna component for multipactor breakdown ［J］. IEEE Transactions on Microwave Theory and Techniques, 1994, 42: 558 – 564.

［34］ KUDSIA C, CAMERON R, TANG W C. Innovations in microwave filters and multiplexing networks for communications satellite systems ［J］. IEEE Transactions on Microwave Theory and Techniques, 1992, 40: 1133 – 1149.

［35］ LEMKE R W, GENONI T C, SPENCER T A. Three – dimentional particle – in – cell simulation study of a relativistic magnetron ［J］. Physics of Plasmas, 1999, 6: 603 – 613.

［36］ VICENTE C, MATTES M, WOLK D, et al. FEST3D – A simulation tool for multipactor prediction ［C］// The 5th International Workshop on MULCOPIM, Noordwijk, 2005.

［37］ ARMENDÁRIZ J, MONGE J, GHILARDI M, et al. FEST3D simulation tool: recent advances and developments ［C］// The 6th International Workshop on MULCOPIM, Valencia, 2008.

［38］ DE LARA J, PÉREZ F, ALFONSECA M, et al. Multipactor prediction for on – board spacecraft RF equipment with the MEST software tool ［J］. IEEE Transactions on Plasma Science, 2006, 34 (2): 476 – 484.

［39］ VICENTE C, MATTES M, WOLK D, et al. Multipactor breakdown prediction in rectangular waveguide based components ［C］// IEEE MTT – S International Microwave Symposium Digest, Long Beach, 2005: 1055 – 1058.

［40］ UDILJAK R, ANDERSON D, LISAK M. Multipactor in a coaxial transmission line I: analytical study ［J］. Physics of Plasmas, 2007, 14: 033508.

［41］ SEMENOV V E, ZHAROVA N, UDILJAK R. Multipactor in a coaxial transmission line II: particle – in – cell simulations ［J］. Physics of Plasmas, 2007, 14: 033509.

［42］ GUSAROVA M A, ISAEV I V, KAMINSKY V I, et al. Multipactor simulations in axisymmetric and non – axisymmetric radio frequency structure ［C］// Russian Particle Accelerators Conference (RuPAC), Zvenigorod, 2008: 215 – 217.

［43］ GUSAROVA M A, KAMINSKY V I, KRAVCHUK L V, et al. Multipacting simulation in accelerating RF structures ［J］. Nuclear Instruments and Methods in Physics Research Section A: Accelerators, Spectrometers, Detectors and Associated Equipment, 2009, 599 (1): 100 – 105.

［44］ RASCH J, SEMENOV V E, RAKOVA E, et al. Simulations of multipactor breakdown between two cylinders ［J］. IEEE Transactions on Plasma Science, 2011, 39 (9): 1786 – 1794.

［45］ SAZONTOV A, ANDERSON D, VDOCICHEVA N, et al. Simulations of multipactor zones taking into account realistic properties of secondary emission [C] // The 4th International Workshop on MULCOPIM, Noordwijk, 2003.

[46] AVIVIERE T, ANTONIO P, MING Y, et al. Multipactor breakdown simulation code [C] // The 7th International Workshop on MULCOPIM, Valencia, 2011.

[47] CHANG C, HUANG H J, LIU G Z, et al. The effect of grooved surface on dielectric multipactor [J]. Journal of Applied Physics, 2009, 105 (12): 1593.

[48] VAUGHAN J R M. Multipactor [J]. IEEE Transactions on Electron Devices, 1988, 35 (7): 1172 – 1180.

[49] AUSTIN L, STARKE H. Ueber die reflexion der kathodenstrahlen und eine damit verbundene neue erscheinung secundärer emission [J]. Annalen der Physik, 1902, 314 (10): 271 – 292.

[50] CHENG G, LIU L. Monte Carlo modeling of secondary electron emission and its incorporation in particle simulations of electron – surface interaction [J]. Computer Physics Communications, 2011, 182 (6): 1295 – 1303.

[51] FURMAN M A, PIVI M T F. Probabilistic model for the simulation of secondary electron emission [J]. Physical Review Accelerators and Beams, 2002, 5 (12): 317 – 322.

[52] FEDER R, PENDRY J B. Theory of secondary electron emission [J]. Solid State Communications, 1978, 26 (8): 519 – 521.

[53] SANDERS N L, INOUYE G T. Secondary emission effects on spacecraft charging: energy distribution considerations, spacecraft charging technology: NASA – 2071, ADA – 084626 [R]. 1978.

[54] PROKOPENKO S M L, LAFRAMBOISE J G. High – voltage differential charging of geostationary spacecraft [J]. Journal of Geophysical Research Space Physics, 1980, 85 (A8): 4125 – 4131.

[55] LI Y, CUI W Z, ZHANG N, et al. Three – dimensional simulation method of multipactor in microwave components for high – power space

application [J]. Chinese Physics B, 2014, 23 (4): 686 – 693.

[56] LI Y, CUI W Z, WANG H G. Simulation investigation of multipactor in metal components for space application with an improved secondary emission model [J]. Physics of Plasmas, 2015, 22 (5): 1172 – 2126.

[57] HOCKNEY R W, EASTWOOD J W. Computer simulation using particles [M]. London: Institute of Physics Publishing, 1988.

[58] EASTWOOD J W. The virtual particle electromagnetic particle – in – cell method [J]. Computer Physics Communications, 1991, 64: 252 – 266.

[59] GOPLEN B, LUDEKING L, SMITHE D, et al. User configurable MAGIC for electromagnetic PIC calculations [J]. Computer Physics Communications, 1995, 87: 54 – 86.

[60] YOU J W, WANG H G, ZHANG J F, et al. The conformal TDFIT – PIC method using a new extraction of conformal information (ECI) technique [J]. IEEE Transactions on Plasma Science, 2013, 41 (11): 3099 – 3108.

[61] YOU J W, WANG H G, ZHANG J F, et al. Highly efficient and adaptive numerical scheme to analyze multipactor in waveguide devices [J]. IEEE Transactions on Electron Devices, 2015, 62: 1327 – 1333.

[62] VALFELLS A, VERBONCOEUR J P, LAU Y Y. Space – charge effects on multipactor on a dielectric [J]. IEEE Transactions on Plasma Science, 2000, 28 (3): 529 – 536.

[63] NEUBER A, HEMMERT D, KROMPHOLZ H, et al. Initiation of high power microwave dielectric interface breakdown [J]. Journal of Applied Physics, 1999, 86 (3): 1724 – 1728.

[64] ZHANG P, LAU Y Y, GILGENBACH R M. Analysis of radio – frequency absorption and electric and magnetic field enhancements due to surface roughness [J]. Journal of Applied Physics, 2009, 105 (11): 055502.

[65] ANG L K, LAU Y Y, KISHEK R A, et al. Power deposited on a dielectric by multipactor [J]. IEEE Transactions on Plasma Science,

1998, 26 (3): 290 – 295.

[66] ZHANG P, LAU Y Y, FRANZI M, et al. Multipactor susceptibility on a dielectric with a bias DC electric field and a background gas [J]. Physics of Plasmas, 2011, 18 (5): 1172.

[67] CHENG G, LIU L, LIU Y, et al. Monte Carlo study of the single – surface multipactor electron discharge on a dielectric [J]. IEEE Transactions on Plasma Science, 2009, 37 (10): 1968 – 1974.

[68] VDOVICHEVA N K, SAZONTOV A G. Numerical simulation of multipactor discharge in microwave waveguides [C] // The International Conference Days on Diffraction, Saint Petersburg, 2008: 186 – 189.

[69] SAZONTOV A G, NEVCHAEV V E. Effects of RF magnetic field and wave reflection on multipactor discharge on a dielectric [J]. Physics of Plasmas, 2010, 17 (3): 2120.

[70] CHANG C, LIU G Z, TANG C X, et al. The influence of space charge shielding on dielectric multipactor [J]. Physics of Plasmas, 2009, 16 (5): 1724.

[71] CHANG C, LIU G, TANG C, et al. The influence of desorption gas to high power microwave window multipactor [J]. Physics of Plasmas, 2008, 15 (9): 193.

[72] CHANG C, LIU G Z, ZHU X X, et al. Improved model for window breakdown at low pressure [J]. Physics of Plasmas, 2009, 16 (3): 296.

[73] CHANG C, GUO L T, LIU C L, et al. Nanosecond snapshots of high – power microwave discharge in waveguides [J]. IEEE Transactions on Plasma Science, 2015, 43 (6): 1887 – 1893.

[74] ZHU M, CHANG C, YAN K, et al. Theory of nanosecond high – power microwave breakdown on the atmosphere side of the dielectric window [J]. IEEE Transactions on Plasma Science, 2015, 43 (5): 1670 – 1674.

[75] WU L, ANG L K. Multipactor discharge in a dielectric – loaded accelerating structure [J]. Physics of Plasmas, 2007, 14 (1): 164801.

[76] SINITSYN O V, NUSINOVICH G S, ANTONSEN T M, Jr. Self –

consistent nonstationary two – dimensional model of multipactor in dielectric – loaded accelerator structures [J]. Physics of Plasmas, 2009, 16 (7): 1172.

[77] KISHEK R A, LAU Y Y. Interaction of multipactor discharge and RF circuit [J]. Physical Review Letters, 1995, 75 (6): 1218.

[78] KISHEK R A, LAU Y Y. A novel phase focusing mechanism in multipactor discharge [J]. Physics of Plasmas, 1996, 3 (5): 1481 – 1483.

[79] KISHEK R A, LAU Y Y. Multipactor discharge on a dielectric [J]. Physical Review Letters, 1998, 80 (1): 3198 – 3200.

[80] KISHEK R A, LAU Y Y, ANG L K, et al. Multipactor discharge on metals and dielectrics: historical review and recent theories [J]. Physics of Plasmas, 1998, 5 (5): 2120 – 2126.

[81] COVES Á, TORREGROSA G, VICENTE C P, et al. Multipactor discharges in parallel – plate dielectric – loaded waveguides including space – charge effects [J]. IEEE Transactions on Electron Devices, 2008, 55 (9): 2505 – 2511.

[82] TORREGROSA G, COVES Á, VICENTE C P, et al. Time evolution of an electron discharge in a parallel – plate dielectric – loaded waveguide [J]. IEEE Electron Device Letters, 2006, 27 (7): 619 – 621.

[83] SOMERSALO E, YLA – OIJALA P, PROCHE D, et al. Computational methods for analyzing electron multipacting in RF structures [J]. Part Accel, 1998, 59 (2): 107 – 141.

[84] ANZA S, MATTES M, ARMENDARIZ J, et al. RF breakdown prediction for microwave passive components in multi – carrier operation [M]. New York: Springer, 2010.

[85] TORREGROSA G, COVES Á, MARTINEZ B G, et al. Multipactor susceptibility charts of a parallel – plate dielectric – loaded waveguide [J]. IEEE Transactions on Electron Devices, 2010, 57 (5): 1160 – 1166.

[86] ANZA S, VICENTE C P, GIL J, et al. Novel investigation in multipactor effect in ferrite and other dielectrics used in high power RF space hardware [C] // 2014 MULCOPIM, Valencia, 2014.

[87] TORREGROSA G, COVES Á, BLAS A A S, et al. Analysis of multipactor effect in dielectric – loaded waveguides [C] // The 5th International Workshop on Multipactor, RF and DC Corona and Passive Intermodulation in Space RF Hardware, Noordwijk, 2005: 11 – 17.

[88] GONZALEZ – IGLESIAS D, PEREZ A M, ANZA S, et al. Multipactor in a coaxial line under the presence of an axial DC magnetic field [J]. IEEE Electron Device Letters, 2012, 33 (5): 727 – 729.

[89] GONZALEN – IGLESIAS D, ANZA S, VAGUE J, et al. Multipactor mitigation in coaxial technology by means of the use of static magnetic fields: recent experiments and simulations [C] // 2014 MULCOPIM, Valencia, 2014.

[90] IVANOV V A, SAKHAROV A S, TARBEEVA Y A, et al. Two – dimensional PIC simulations of a multipactor discharge on a dielectric in a parallel – plate waveguide [C] // The 7th International Workshop on MULCOPIM, Valencia, 2011.

[91] BATANOV G M, IVANOV V A, KONYZHEV M E. Microwave breakdown of ionic crystals initiated by a secondary – emission discharge [J]. JETP Letters, 1994, 59 (10): 690 – 694.

[92] IVANOV V A, KONYZHEV M E, GAVRILENKO V P, et al. Superdense plasma created in contracted microwave discharge on surface of dielectrics [C] // The 5th International Workshop on MULCOPIM, Noordwijk, 2005: 169 – 175.

[93] JOY D C. A database on electron – solid interactions [J]. Scanning, 2010, 17 (5): 270 – 275.

[94] PIVI M, KING F K, KIRBY R E, et al. Sharp reduction of the secondary electron emission yield from grooved surfaces [J]. Journal of Applied Physics, 2008, 104 (10): 2120.

[95] VALENTIN C N, GONZALEZ L A, AGUILERA L, et al. Nanostructured Au/Ag anti – multipactor coatings with RF surface conductivity as standard silver plating [C] // MULCOPIM 2014 European Space Agency, Valencia, 2014: 361 – 368.

[96] NISTOR V, GONZÁLEZ L A, AGUILERA L, et al. Multipactor suppression by micro – structured gold/silver coatings for space applications [J]. Applied Surface Science, 2014, 315 (13): 445 –453.

[97] JING C, GOLD S H, FISCHER R, et al. Complete multipactor suppression in an X – band dielectric – loaded accelerating structure [J]. Applied Physics Letters, 2016, 108 (19): 1899 –1903.

[98] JING C, KONECNY R, GOLD S H. Experimental study of multipactor suppression in externally powered dielectric accelerating structures [C] // Advanced Accelerator Concepts Workshop, 2016: 060004.

[99] JING C, CHANG C, GOLD S H, et al. Observation of multipactor suppression in a dielectric – loaded accelerating structure using an applied axial magnetic field [J]. Applied Physics Letters, 2013, 103 (21): 213503.

[100] IVANOV O A, LOBAEV M A, ISAEV V A, et al. Suppressing and initiation of multipactor discharge on a dielectric by an external DC bias [J]. Review of Modern Physics, 2010, 13 (2): 002004.

[101] KOSSYI I A, BARKHUDAROV E M, DAVYDOV A M, et al. Nano – structural anti – multipactor coating as a throughgoing design of RF breakdown in satellite components prevention [C] // MULCOPIM 2014 European Space Agency, Valencia, 2014: 337 –341.

[102] YE M, HE Y N, HU S G, et al. Suppression of secondary electron yield by micro – porous array structure [J]. Journal of Applied Physics, 2013, 113: 074904.

[103] YE M, HE Y N, HU S G, et al. Investigation into anomalous total secondary electron yield for micro – porous Ag surface under oblique incidence conditions [J]. Journal of Applied Physics, 2013, 114 (10): 1 –12.

[104] YE M, HE Y N, WANG R, et al. Suppression of secondary electron emission by micro – trapping structure surface [J]. Acta Physica Sinica, 2014, 63 (14): 354 –362.

[105] YE M, LI Y, HE Y N, et al. Study of multipactor suppression of

microwave components using perforated waveguide technology for space applications [J]. Physics of Plasmas, 2017, 24 (5): 052109.

[106] CHANG C, HUANG H J, LIU G Z, et al. The effect of grooved surface on dielectric multipactor [J]. Journal of Applied Physics, 2009, 105 (12): 1593.

[107] CHEN C H, CHANG C, LIU W Y, et al. Improving the microwave window breakdown threshold by using a fluorinated, periodically patterned surface [J]. Journal of Applied Physics, 2013, 114 (16): 163304.

[108] CHANG C, LIU G Z, HUANG H J, et al. Suppressing high – power microwave dielectric multipactor by the sawtooth surface [J]. Physics of Plasmas, 2009, 16 (8): 053506.

[109] CAI L B, WANG J G, CHENG G X, et al. Simulation of multipactor on the rectangular grooved dielectric surface [J]. Physics of Plasmas, 2015, 22 (11): 113506.

[110] CAI L B, WANG J G, CHENG G X, et al. Self – consistent simulation of radio frequency multipactor on micro – grooved dielectric surface [J]. Journal of Applied Physics, 2015, 117 (5): 053302.

[111] CHANG C, LIU G Z, TANG C X, et al. Suppression of high – power microwave dielectric multipactor by resonant magnetic field [J]. Applied Physics Letters, 2010, 96 (11): 201501.

[112] CHANG C, VERBONCOEUR J, TANTAWI S, et al. The effects of magnetic field on single – surface resonant multipactor [J]. Journal of Applied Physics, 2011, 110 (6): 261501.

[113] CAI L B, WANG J G, ZHU X Q, et al. Suppression of multipactor discharge on a dielectric surface by an external magnetic field [J]. Physics of Plasmas, 2011, 18 (7): 1724.

[114] CHANG C, LI Y D, VERBONCOEUR J, et al. Suppressing double – metal – surface resonant multipactor by three dimensional wavy surface [J]. Physics of Plasmas, 2017, 24: 040702.

[115] HUO Y, LIU W, KE C, et al. Sharp improvement of flashover strength

from composite micro – textured surfaces ［J］. Journal of Applied Physics, 2017, 122 (11): 115105.

［116］ FAN Z Q, CHANG C, SUN J. Experimental demonstration of improving resonant – multipactor threshold by three – dimensional wavy surface ［J］. Applied Physics Letters, 2017, 111: 123503.

第 2 章

金属二次电子发射特性实验与模拟

|2.1 概　　述|

对于星载大功率微波器件，金属材料是器件的重要组成成分。金属具有较好的导电、导热性能。采用金属腔体部件传输电磁波时，往往能够耐受较大的输入功率。对于大功率磁性器件，通常采用金属材料构成多端口波导腔体。研究大功率磁性器件微放电效应，首先需要研究金属材料的二次电子发射特性。本章主要讨论由机械加工引起的随机粗糙表面和人工构建具有一定深度的微结构表面对金属材料二次电子发射特性的影响，并基于两种二次电子发射模型（Vaughan 模型和 Furman 模型）进行拟合；结合电磁粒子模拟（electromagnetic particle – in – cell，EM – PIC）方法，阐述金属微放电阈值功率对二次电子发射特性的敏感性关系。

|2.2 金属二次电子发射测量及理论模型|

2.2.1 金属材料二次电子测量原理与平台

由于表面污染、氧化、硫化和实际加工条件不同，同种材料的二次电子发射特性可能在很大范围内发生变化和波动。在大功率微波部件的微放电数值模拟与分析研究中，这些变化极大地影响微放电阈值功率。因此，需要首先针对特定工艺条件与表面状态下的样件进行二次电子发射实验测量研究，获取必需的基础数据。

图 2 - 1 所示为基于超高真空（ultra high vacuum，UHV）腔的二次电子发射测量装置。该装置由 UHV 腔体、样品传输通道、样品位置调节装置、电子枪、离子枪、样品电流收集平台、高精度皮安电流表、数据收集和处理系统等构成。UHV 腔体由两级腔体组成：一级为进样腔，采用机械泵抽真空，真空度≤1 Pa；另一级为 UHV 测试腔体，用于二次电子发射特性的测试，采用机械泵、分子泵和离子泵联合抽真空，真空度≤10⁻⁷ Pa；两级真空腔之间采用机械隔断，可有效提高 UHV 腔体的真空度。该装置采用电子枪作为入射电子束源，采用离子枪进行样品表面清洗。测试平台中配备了电流收集装备和电子收集法拉第杯，用于二次电子测量中透射电子或二次电子的收集。其中，用于从样品台收集电流进行测量的电流表具有较高的测试精度，能够测量皮安（pA）量级的微弱电流。

图 2 - 1　基于超高真空腔的二次电子发射测量装置

针对金属样片，采用偏压电流法[1-2]进行 SEY 和二次电子能谱的测试，如图 2 - 2 所示。测试系统由电子枪（20 ~ 5 000 eV）、样品电流收集台、皮安电流表等组成。本节主要关注不同入射角度下的 SEY 和二次电子能谱。

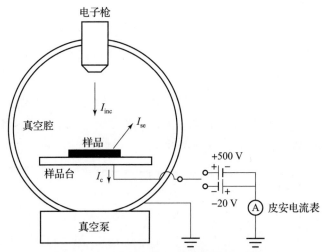

图 2-2　二次电子发射实验测量原理示意图

当入射电子束以一定能量和角度入射材料表面时，产生二次电子，其产额 δ_{total} 由出射电流和入射电子束电流的相对比值决定，由下式计算得到：

$$\delta_{total} = \frac{I_{se}}{I_{inc}} = \frac{I_{inc} - I_c}{I_{inc}} = 1 - \frac{I_c}{I_{inc}} \qquad (2-1)$$

式中，I_{inc}——入射总电流，A；

　　　I_c——在样品电流收集台上收集得到的电流，A。

金属二次电子发射特性测试平台测量入射总电流 I_{inc} 时，首先在样品台上施加 +500 V 偏压（该偏压的具体量值可根据需要收集的电子能量范围进行调整），降低因电子在空间中随机扩散所造成的测量误差，使得收集到的入射总电流更符合物理实际；当测量在样品电流收集台上收集得到的电流 I_c 时，在样品台上施加 –20 V 偏压，使得较低能量的电子能够从样品表面逃逸，提高测试准确度。由此方法也可近似获得低能（入射电子能量低于 20 eV）时的二次电子发射。

二次电子的能谱一般可通过能谱分析仪直接测试得到。

2.2.2　基于 Vaughan 模型的二次电子发射特性模拟

20 世纪 40 年代末，研究人员通过观察二次电子发射测量实验，发现了在不同入射角度下的 SEY 曲线变化趋势，并提出了 SEY 曲线关键参数

E_{max} 和 δ_{max}（图 1 - 6）随入射角度 θ_{in} 的变化趋势[3-4]：

$$E_{max}(\theta_{in}) = E_{max0}\left(1 + \frac{k_s \theta_{in}^2}{\pi}\right) \qquad (2-2)$$

$$\delta_{max}(\theta_{in}) = \delta_{max0}\left(1 + \frac{k_s \theta_{in}^2}{2\pi}\right) \qquad (2-3)$$

式中，E_{max0}——垂直入射时最大 SEY 对应的入射电子能量，eV；

　　k_s——材料表面平滑因子；

　　δ_{max0}——垂直入射时最大 SEY。

20 世纪 50 年代末，Lye 等[5]在充分收集多种材料的二次电子发射特性测量数据，并对 SEE 数据进行分析的基础上，基于指数函数假设初步提出了 SEY 曲线拟合模型：

$$\frac{\delta_{total}}{\delta_{max}} = \frac{1}{g_n(z_m)} \cdot g_n\left(z_m \frac{E_{in}}{E_{max}}\right) \qquad (2-4)$$

式中，E_{in}——入射电子能量，eV；

　　z_m——函数 $g_n(z)$ 达到最小值时 z 的取值；

　　n——曲线拟合系数；

$$g_n(z) = \frac{1 - \exp(-z^{n+1})}{z^n} \qquad (2-5)$$

选取不同的 n，可对不同能量段实现不同的拟合精度。同时，选取不同的 n 的具体值能够对式（2-5）进行简化。

受限于二次电子测量设备和测量系统的准确性，以上二次电子发射模型并未得到广泛应用。直到 20 世纪 80 年代末，二次电子发射测量仪器与实验科学得到较大发展，科学界对于材料表面科学中的二次电子发射现象有了新的认识。美国学者 Vaughan 提出了基于曲线的 SEY 模型，并经过部分实验数据的验证，通常将 Vaughan 提出的二次电子产额模型定义为 Vaughan 模型。与基于经验和推算的公式相比，Vaughan 模型更为准确地描述了不同材料的 SEY 曲线，尤其是不同入射角度下的 SEY 曲线。同时，Vaughan 模型对于较低能量段的 SEY 拟合较为准确，适用于对低能量段二次电子发射进行研究的应用场合。而且，Vaughan 模型并不依赖于材料，仅对 SEY 曲线从数学上进行拟合和描述，不考虑实际发射过程中的物理效应。

在图 1 – 6 所示的典型 SEY 曲线中，对微放电效应影响最大的参数有：第一能量点 E_1、第二能量点 E_2、SEY 最大值 δ_{max}、δ_{max} 对应的入射电子能量 E_{max}。当电子雪崩倍增引发微放电效应时，每次碰撞出射的二次电子数目平均值应当大于 1。因此 E_1 和 E_2 之间的 SEY 将对电子出射和微放电阈值功率产生明显影响。Vaughan 模型考虑了 SEY 曲线上几个关键特征参数，提出了垂直入射条件下 SEY 曲线的数学拟合方程：

$$\delta(E_{in}) = \delta_{max0}(we^{1-w})^k \qquad (2-6)$$

其中，

$$w = \frac{E_{in} - E_t}{E_{max0} - E_t} \qquad (2-7)$$

$$k = \begin{cases} k_1 = 0.62, & w < 1 \\ k_2 = 0.25, & w > 1 \end{cases} \qquad (2-8)$$

式中，E_t——阈值能量，eV。

当入射电子能量低于 E_t 时，Vaughan 模型不再适用。

基于当时的实验研究条件，Vaughan 模型中定义 E_t 为 12.5 eV。这是由于低能二次电子发射的测量与表征非常复杂，同时受到地磁场和环境影响，微弱的变化将导致较大的误差。因此，Vaughan 模型中不考虑极低入射能量时的 SEY。换言之，当入射电子能量低于 12.5 eV 时，Vaughan 模型不再有效。一般而言，不考虑入射能量小于 20 eV 时的二次电子发射。当 $w = 1$ 时，式（2 – 6）为确定值，k 的取值可为任意值。为了平衡 $w < 1$ 和 $w > 1$ 之间的不连续性，可定义 k 为

$$k = \frac{k_1 + k_2}{2} - \frac{k_1 - k_2}{\pi}\arctan(\pi\ln w) \qquad (2-9)$$

通过测量确定 k_1 和 k_2：

$$k_i = \frac{\ln\delta_{max0}}{w_i - \ln w_i - 1}, \quad i = 1,2 \qquad (2-10)$$

式中，

$$w_i = \frac{E_i - E_t}{E_{max0} - E_t} \qquad (2-11)$$

当定义垂直于材料表面的入射角度为 0° 时，SEY 随着入射角度的增

大而呈现增大趋势。这是因为，当电子斜入射到材料表面时，电子进入材料的深度变小，能够释放更多的二次电子。随着电子垂直入射到材料表面，电子进入材料的深度变大，释放的二次电子较少。考虑角度的影响，结合式（2－6），将 Vaughan 模型修正为

$$\delta(E_{in}, \theta_{in}) = \delta_{max0}(we^{1-w})^k \left(1 + \frac{k_s \theta_{in}^2}{2\pi}\right) \qquad (2-12)$$

同时采用式（2－2）表示不同入射角度下的入射电子能量。值得注意的是，k_s 表征了材料表面的光滑程度。k_s 受表面粗糙度的影响，但与表面粗糙度并非同一参数，仅用于不同入射角度下的 SEY 曲线的拟合。对于采用传统机械加工工艺的材料表面，k_s 可取值为 1。k_s 越大，表示表面越平滑；反之，则代表表面越粗糙。对于碳化表面或具有微结构的材料表面，k_s 甚至可能减小为 0。此时，SEY 曲线不再随入射电子角度变化。

对于微放电数值模拟，所采用的二次电子发射理论模型应当满足以下基本条件：

（1）完整描述全能量段的二次电子发射特性，包括二次电子发射产额、发射的二次电子能量分布（能谱）与角度分布。

（2）能够描述低能端（$0 < E_{in} < E_1$）的二次电子发射特性。

基于以上要求，将 Vaughan 模型修正为

$$\delta(E_{in}, \theta_{in}) = \begin{cases} \delta_0, & E_{in} \leqslant E_t \\ \delta_{max0}(we^{1-w})k_1\left(1 + \dfrac{k_s \theta_{in}^2}{2\pi}\right), & E_t < E_{in} \leqslant E_{max0} \\ \delta_{max0}(we^{1-w})k_2\left(1 + \dfrac{k_s \theta_{in}^2}{2\pi}\right), & E_{in} > E_{max0} \end{cases} \qquad (2-13)$$

式中，δ_0——当入射电子能量小于阈值能量 E_t 时的二次电子产额。可直接在微放电数值模拟中进行预设（一般取值小于 1），然后根据微放电数值模拟结果对 δ_0 进行校验。

对于金属材料的二次电子发射特性模拟拟合，首先针对具体材料表面 SEE 特性进行实验研究，获得不同入射角度下的 SEY 测量曲线；然后，根据获得的 SEY 曲线直接获得 δ_{max0} 和 E_{max0} 的值，通过拟合得到特征函数 k_1、k_2 和 k_s 的值。对于 δ_0，可直接在微放电数值模拟中根据分析结果进行校验。若对 SEY 曲线的拟合精度有更高要求，可增加拟合参数 k_{sE} 和 $k_{s\theta}$，拟

合不同入射角度下的入射电子能量和出射产额。若对更高能量段的拟合精度有更高要求（如 $E_{in} > 3E_{max0}$），可将式（2-13）进一步修正，得到不同能量段的 k_3 和 $k_{2,3}$ 等。

应用修正 Vaughan 模型时，为了满足微放电数值模拟对二次电子发射模拟的完整性，采用麦克斯韦分布模拟二次电子能量分布：

$$f(E) \propto \exp\left(-\frac{(E - E_m)^2}{2E_D^2} \right) \tag{2-14}$$

式中，E_m——二次电子平均出射能量，eV；

$\quad\quad E_D$——二次电子出射能量的均方根，eV。

采用余弦分布模拟出射二次电子的角度分布：

$$f(\theta) \propto \cos\theta \tag{2-15}$$

式中，$\theta \in [0°, 90°]$，定义电子垂直于材料表面出射时的 θ 为 $0°$。

接下来，以采用机械加工工艺制备的铝合金镀银和铝合金材料为例，说明采用 Vaughan 模型对实验测得 SEY 曲线进行拟合的过程。

如图 2-3 所示，加工尺寸为 10 mm × 20 mm × 1 mm 的镀银样片。镀银样片的基片材料为铝合金，镀银厚度约为 10 μm。铝合金镀银样片的实物图如图 2-3（a）所示，样片表面的 SEM（scanning electron microscope，扫描电子显微镜）图像如图 2-3（b）所示，均匀光滑、致密度高。

（a）   （b）

图 2-3 铝合金镀银样片

（a）实物图；（b）SEM 图像

采用离子清洗前和清洗后的铝合金镀银样片的 SEY 测量曲线如图 2-4 所示。采用离子枪对样片进行清洗，清洗时间为 10 min。

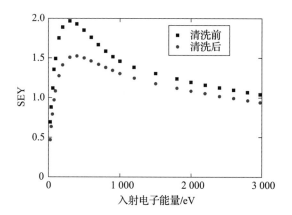

图 2-4 采用离子清洗前和清洗后的铝合金镀银样片的 SEY 测量曲线（附彩图）

针对未清洗的铝合金镀银样片，测量得到不同入射角度下 SEY 曲线，如图 2-5 所示。从 SEY 曲线中提取得到 δ_{max0} 为 2.0，E_{max0} 为 200 eV。结合不同入射角度下的 SEY 曲线，采用数值拟合方法获得 Vaughan 模型的关键参数 k_1、k_2 和 k_s 的值，如表 2-1 所示。

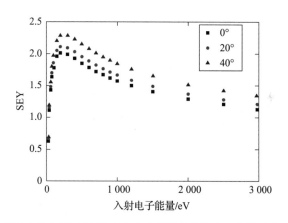

图 2-5 不同入射角度下未清洗的铝合金镀银样片的 SEY 测量曲线（附彩图）

表 2-1 Vaughan 模型拟合参数

材料	E_t/eV	E_{max0}/eV	δ_{max0}/eV	k_s	k_1	k_2
铝合金镀银（未清洗）	20	300	2.1	1.8	0.3	0.25
铝合金（离子清洗后）	20	700	1.46	0.9	0.55	0.25

针对采用离子清洗后的铝合金样片，测量得到不同入射角度下 SEY 曲线，如图 2 − 6 所示。从 SEY 曲线中提取得到 δ_{max0} 为 1.48，E_{max0} 为 500 eV。采用数值拟合方法获得 Vaughan 模型的关键参数 k_1、k_2 和 k_s 的值，如表 2 − 1 所示。

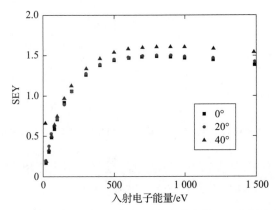

图 2 − 6　不同入射角度下采用离子清洗后的铝合金样片 SEY 测量曲线（附彩图）

采用表 2 − 1 中根据实验测试结果提取得到的关键拟合参数建立 Vaughan 模型，得到的 SEY 曲线拟合结果如图 2 − 7 和图 2 − 8 所示。

观察可知，针对未清洗的镀银样片和采用离子清洗后的铝合金样片，采用 Vaughan 模型获得了较好的拟合结果，拟合误差较小。同时，在入射角度 $\theta_{in} \leqslant 40°$ 时，可获得较好的拟合精度。当电子入射角度 $\theta_{in} > 40°$ 时，受电子散射效应的影响，采用电流偏压法测量得到的 SEY 数据准确度与可重复度下降。

2.2.3　基于 Furman 模型的 SEE 模拟

Vaughan 模型的函数表达式简单，且在低能量段（$E_{in} < 3E_{max0}$）具有较好的拟合精度，因而在 20 世纪八九十年代的微放电数值模拟与分析中获得广泛应用。随着表面科学的发展，材料表面二次电子发射特性的测量与分析获得长足进步，实现了二次电子能量分布的测量。如前所述，通过收集不同能量段的出射电子，能够初步区分不同物理产生机制的二次电子。在此基础上，美国学者 Furman 等在 20 世纪 90 年代提出了可描述不同物理机制的二次电子发射模型（通常将该模型称为 Furman 模型），能够

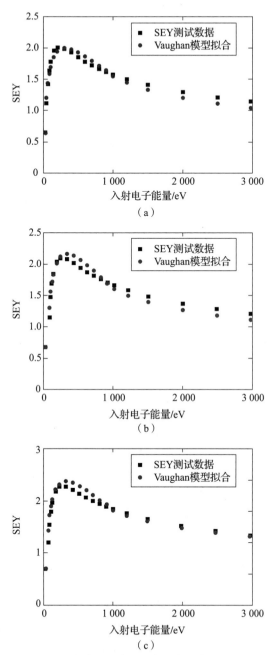

图 2-7　不同入射角度下未采用离子清洗的铝合金镀银样片

SEY 曲线测量值与模型拟合值（附彩图）

（a）0°；（b）20°；（c）40°

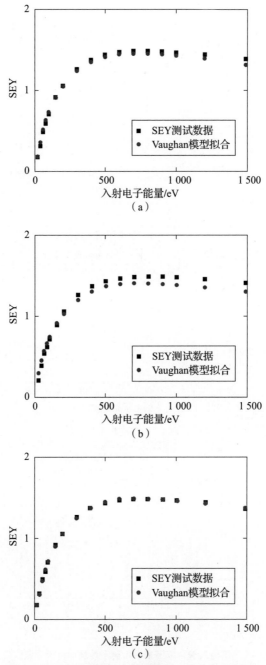

图 2-8　不同入射角度下采用离子清洗的铝合金样片
SEY 曲线测量值与模型拟合值（附彩图）
（a）0°；（b）20°（c）40°

对真二次电子、弹性背散射二次电子和非弹性背散射二次电子分别进行曲线拟合和计算，并具有与能谱相关联的自洽特性。本书中将 Furman 模型应用到微放电数值模拟与分析中，使得模型表征的 SEE 特性更符合物理实际[6]。

如前所述，二次电子发射物理过程可以简要描述为以下过程：当电子束 e_N 入射到材料表面上时，一些电子会发生弹性漫反射（这一部分 SEY 定义为 δ_e），另一部分电子进入材料。进入材料的电子将分为两部分：不与材料原子发生作用并直接散射的电子定义为非弹性背散射 SEY δ_r；与材料原子直接作用，并从中激发出的二次电子定义为真 SEY δ_t。相应地，取决于入射能量 E_{in} 与入射角度 θ_{in}，总 SEY δ_{total} 的计算见式（1 – 1）。

SEY 与能谱满足自洽关系的 SEE 模型必须满足如式（1 – 2）所示的微分表达式。此时，一定入射电子能量和角度下出射电子能量分布为 SEY 随能量的微分。同时，应当满足 SEY 为能谱的积分：

$$\delta_{total}(E_{in}, \theta_{in}) = \int_0^{E_{in}} f(E, \theta_{in}) \, dE \qquad (2 - 16)$$

首先讨论一定入射电子能量和角度下出射真 SEY δ_t：

$$\delta_t(E_{in}, \theta_{in}) = \delta_{max}(\theta_{in}) \frac{s(E_{in}/E_{max}(\theta_{in}))}{s - 1 + (E_{in}/E_{max}(\theta_{in}))^s} \qquad (2 - 17)$$

式中，

$$\begin{cases} \delta_{max}(\theta_{in}) = \hat{\delta}_t [1 + t_1(1 - \cos^{t_2}\theta_{in})] \\ E_{max}(\theta_{in}) = \hat{E}_t [1 + t_3(1 - \cos^{t_4}\theta_{in})] \end{cases} \qquad (2 - 18)$$

式中，s——真 SEY 曲线的拟合参数；

t_1, t_2, t_3, t_4——不同入射角度下真 SEY 曲线的拟合参数；

$\hat{\delta}_t$——真 SEY δ_t 的峰值；

$\hat{E}_t$——SEY $\hat{\delta}_t$ 对应的入射电子能量，eV。

与 Vaughan 模型采用平方函数作为基函数不同，Furman 模型采用余弦函数的指数形式表示真 SEY 随不同入射角度的变化。同时，角度拟合参数由 1 个增加为 4 个，能够针对入射电子能量和出射产额分别进行拟合，拟合准确度更高，但拟合过程也更复杂。

当出射二次电子的总产额 $\delta_{total} \leq 1$ 时，出射二次电子为弹性背散射电

子的概率为

$$\delta_e(E_{in}) = \delta_e(\infty,0) + (\delta_e(0,0) - \delta_e(\infty,0))\exp\left(\frac{-(E_{in}/w)^p}{p}\right)$$

$$(2-19)$$

式中，w,p——垂直入射情况下，弹性背散射电子出射概率曲线的拟合参数。

考虑不同入射角度下的散射效应，将式（2-19）修正为

$$\delta_e(E_{in},\theta_{in}) = \left[\delta_e(\infty,0) + (\delta_e(0,0) - \delta_e(\infty,0))\exp\left(\frac{-(E_{in}/w)^p}{p}\right)\right] \cdot$$
$$[1 + e_1(1 - \cos^{e_2}\theta_{in})]$$

$$(2-20)$$

式中，e_1,e_2——不同入射角度下，弹性背散射电子出射概率曲线的拟合参数。

当出射二次电子的总产额 $\delta_{total} \leqslant 1$ 时，出射二次电子为非弹性背散射电子的概率为

$$\delta_r(E_{in}) = \delta_r(\infty,0)\{1 - \exp[-(E_{in}/E_r)^r]\} \qquad (2-21)$$

式中，r——垂直入射情况下，非弹性背散射电子出射概率曲线的拟合参数。

考虑不同入射角度下的散射效应，将式（2-21）修正为

$$\delta_r(E_{in},\theta_{in}) = \delta_r(\infty,0)\{1 - \exp[-(E_{in}/E_r)^r]\}[1 + r_1(1 - \cos^{r_2}\theta_{in})]$$

$$(2-22)$$

式中，r_1,r_2——不同入射角度下，非弹性背散射电子出射概率曲线的拟合参数。

在 Furman 模型中，针对真二次电子、弹性背散射二次电子和非弹性背散射二次电子采用同样的随角度散射效应修正因子。这是因为，对于现有的二次电子发射测试平台，受限于电子运动的随机性与环境因素的影响无法完全理想屏蔽，导致无法以更高的分辨率测量不同入射角度下的二次电子发射曲线与能谱。因此，无论 Vaughan 模型还是 Furman 模型，均无法对不同入射角度下的二次电子发射特性实现更为准确的模拟和拟合。

Furman 模型采用近似满足式（1-2）的函数实现不同类型二次电

的能谱分布表达，则不同二次电子的 SEE 能谱分别为

$$f_{n,\mathrm{ts}}(E_{\mathrm{in}},E)=E^{p_n-1}\,\mathrm{e}^{-E/\varepsilon_n}\frac{\delta_{\mathrm{t}}^n\mathrm{e}^{-\delta_{\mathrm{t}}}}{n!\left[\varepsilon_n^{p_n}\Gamma(p_n)\right]^n P(np_n,E_{\mathrm{in}}/\varepsilon_n)}\qquad(2-23)$$

$$f_{1,\mathrm{e}}(E_{\mathrm{in}},E)=\delta_{\mathrm{e}}(E_{\mathrm{in}})\frac{2\exp\left[-(E-E_0)^2/(2\sigma_{\mathrm{e}}^2)\right]}{\sqrt{2\pi}\sigma_{\mathrm{e}}}\qquad(2-24)$$

$$f_{1,\mathrm{r}}(E_{\mathrm{in}},E)=\delta_{\mathrm{r}}(E_{\mathrm{in}})\frac{q+1}{E_{\mathrm{in}}}\left(\frac{E}{E_{\mathrm{in}}}\right)^q\qquad(2-25)$$

其中，

$$P\left(np_n,\frac{E_{\mathrm{in}}}{\varepsilon_n}\right)=\frac{\int_0^{E_{\mathrm{in}}/\varepsilon_n}t^{np_n-1}\mathrm{e}^{-np_n}\mathrm{d}t}{\Gamma(np_n)}\qquad(2-26)$$

式中，$\Gamma(x)$——格林函数；

　　σ_{e},q——曲线拟合参数；

　　p_n,ε_n——曲线拟合参数，$p_n>0$。

理论上，采用式（1-2），对式（2-18）~ 式（2-26）作微分计算，将得到真二次电子、弹性背散射电子和非弹性背散射电子的出射能量 E 的概率密度分布函数。

对于微放电效应中的二次电子发射特性模拟，采用 Furman 模型对随机入射的电子云与材料碰撞时每次碰撞产生的二次电子数量、能量和角度分布进行描述。此时，非弹性背散射和弹性背散射电子只在仅有一个电子出射时存在。当 $\delta_{\mathrm{total}}=1$ 时，采用一个数值在 0~1 均匀分布的随机数判断出射电子属于真二次电子、非弹性背散射电子还是弹性背散射电子。当 $\delta_{\mathrm{total}}>1$ 时，采用真二次电子发射能谱描述 δ_{total} 的能量分布。

图 2-5 所示为不同入射角度下铝合金镀银样片的 SEY 曲线。最大 SEY $\delta_{\max}(\theta_{\mathrm{in}})$ 与其对应的入射电子能量 $E_{\max}(\theta_{\mathrm{in}})$ 能够从 SEY 测试数据中直接获取。

典型 SEE 能谱曲线如图 1-7 所示，根据出射能量可将其分为三个区域——真二次电子区域、非弹性背散射区域与弹性背散射区域。分别对真二次电子能量区域和弹性背散射峰进行积分得到 $\hat{\delta}_{\mathrm{t}}$ 和 $\delta_{\mathrm{e}}(\infty,0)$，则 $\delta_{\mathrm{r}}(\infty,0)=\delta_{\max}-\hat{\delta}_{\mathrm{t}}-\delta_{\mathrm{e}}(\infty,0)$。

在曲线拟合过程中，定义 $\delta_{\mathrm{e}}(0,0)$ 为可调参数，在较小的范围内进行

微调，既不影响物理特性，又能较好地实现实验数据的拟合。其他曲线形状拟合参数可以调整到逼近测量数据。

根据式（2-16）~式（2-26），结合实验结果得到 Furman 模型拟合参数，建立铝合金镀银样片的 SEE 特性数值概率模型。与 SEE 测试结果对比，模型数据与其吻合良好，如图 2-9、图 2-10 所示。

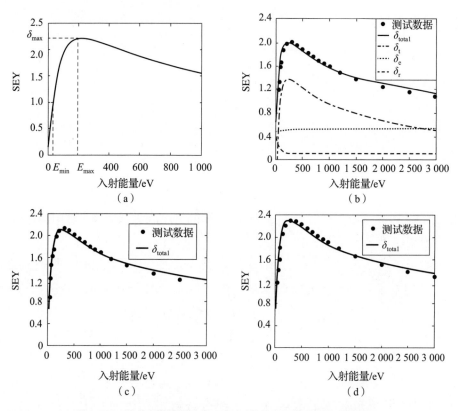

图 2-9　铝合金镀银样片的 SEY 测试结果与模型拟合结果对比

（a）垂直入射时 SEY 测量结果；（b）采用 Furman 模型拟合得到的 SEY 曲线；

（c）采用 Furman 模型拟合得到 20°入射角度时的总 SEY 曲线；

（d）采用 Furman 模型拟合得到 40°入射角度时的总 SEY 曲线

结合前述的测量与数值拟合结果，对 Vaughan 模型和 Furman 模型的拟合精度进行比较分析。对铝合金镀银样片在不同入射角度下的 SEY 曲线测量值进行拟合，当采用 Vaughan 模型时，入射角度为 0°时的相对误差为 -8% ~ 8%，入射角度为 20°时的相对误差为 -8% ~ 13%，入射角度

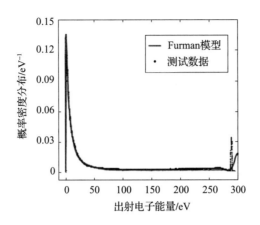

图 2 - 10　铝合金镀银样片的 SEE 能谱曲线（附彩图）

为 40°时的相对误差为 - 2% ~ 19%；当采用 Furman 模型时，入射角度为 0°时的相对误差为 - 8% ~ 8%，入射角度为 20°时的相对误差为 - 3.0% ~ 0.5%，入射角度为 40°时的相对误差为 - 6.0% ~ 0.4%。针对铝合金镀银材料，当垂直入射时，采用 Vaughan 模型和 Furman 模型拟合的精度范围一致。Vaughan 模型具有拟合参数较少、拟合过程简单的优势，但无法区分不同的二次电子散射机制，亦不能对能谱进行拟合。Furman 模型能将出射电子区分为真二次电子、弹性背散射电子和非弹性背散射电子，更符合物理实际，同时，由于区分了三种二次电子，因此能够针对出射能谱进行拟合，但 Furman 模型存在拟合参数过多，拟合过程复杂的缺陷。在实际数值模拟中，应根据实际应用场景进行具体选择。本书中仅针对铝合金镀银材料的拟合精度进行了对比，更多材料的拟合精度需要在未来工作中进一步研究与讨论。

采用 Furman 模型对铝合金镀银样片进行拟合的参数如表 2 - 2 和表 2 - 3 中所示。

表 2 - 2　采用 Furman 模型对铝合金镀银样片的 SEY 特性拟合参数

二次电子类型	拟合参数						
真二次电子	$\hat{\delta}_t$	$\hat{E}_t$/eV	s	t_1	t_2	t_3	t_4
	1.34	225.7246	1.3224	0.202	4.685	0.288	1.489

续表

二次电子类型	拟合参数					
非弹性背散射	$\delta_r(\infty,0)$	E_r	r	r_1	r_2	
二次电子	0.56	0.041	0.104	0.26	2	
弹性背散射	$\delta_e(\infty,0)$	$\delta_e(0,0)$	w	p	e_1	e_2
二次电子	0.1	0.5	60.86	1	0.26	2

表 2-3　铝合金镀银材料 Furman 模型能谱拟合参数

p_1	p_2	p_3	p_4	p_5	p_6	p_7	p_8	p_9	p_{10}
1.6	2	1.8	4.7	1.8	2.4	1.8	1.8	2.3	1.8
ε_1	ε_2	ε_3	ε_4	ε_5	ε_6	ε_7	ε_8	ε_9	ε_{10}
1.5	4.2	10	8.8	6.25	2.25	9.2	5.3	17.8	10

2.3　表面形貌对金属二次电子发射影响的实验与理论研究

材料表面二次电子发射特性主要由材料本身的特性（如原子序数、原子核外电子、晶格结构等）决定，但取决于表面微观起伏、氧化、沾污等因素，同种材料的二次电子发射特性可能在很大范围内波动。对于微波部件，材料表面形貌的变化可能导致其微放电阈值功率呈现数倍甚至十几倍的差异。因此，本节针对具体工艺条件下具有一定表面状态的金属材料开展二次电子发射特性研究，为 2.4 节研究表面形貌对微放电阈值的影响建立理论基础。

对于金属材料表面由机械加工或者三维微结构引起的二次电子发射特性以及相应的微放电阈值的改变，目前鲜有公开报道。技术困难主要在两方面：其一，机械加工的随机性很强，同样的表面粗糙度可能表征无穷多种表面形貌；其二，表面形貌物理尺度往往在微米（甚至纳米）量级，而微波部件的物理尺度往往在毫米、厘米甚至更大量级，尺度上相差三个以上数量级，导致无法同时建模进行数值模拟。

在本章中，以二次电子发射特性为桥梁，解决材料表面形貌与微波部件之间的尺度差异导致的微放电阈值无法分析的难题，从微观到宏观，从电子、原子特性到电性能、微放电阈值功率，获得表面形貌与微放电效应之间的影响关系。

首先，将金属材料表面形貌分为随机粗糙起伏和表面微孔隙。其中，随机粗糙起伏定义为任意起伏点相对于表面平均高度的差值，用平均粗糙度 R_a 表示：

$$R_a = \frac{1}{N} \sum_{i=1}^{N} |p_i| \qquad (2-27)$$

式中，N——采样点个数；

　　　p_i——采样点高度与表面等高线最小均方值之间的差值，m。

表面微孔隙采用三维结构特征进行表征，用深宽比 A_R 和孔隙率 ρ 表示。A_R 表示表面微孔隙的深度与宽度的比值。一般而言，A_R 越大，对入射电子的束缚效果就越好，相应的表面 SEY 就越低。ρ 表示表面微孔隙所占表面积与总表面积的比值，ρ 越大，即表面微孔隙的比例越大。

2.3.1　随机粗糙起伏 SEE 特性实验和模型拟合研究

采用机械加工的方法在样片表面制备形成不同的随机粗糙度。样片的材料为铝合金，尺寸为 $10\ mm \times 20\ mm \times 1\ mm$，如图 2-11 所示。图 2-12 给出了具有不同随机粗糙度样片的微观三维形貌图，采用三维激光扫描显微镜（LSM，Keyence VK-9700）获得表面的起伏形貌，以及表面平均粗糙度。

图 2-11　具有不同随机粗糙度的铝合金样片

如图 2-12 所示，当样片表面由于机械加工而具有不同随机粗糙度时，表面起伏在数十微米甚至百微米量级，同时具有较强的随机性。此时，仅用 R_a 表征其平均起伏程度，而不考虑其表面形貌。

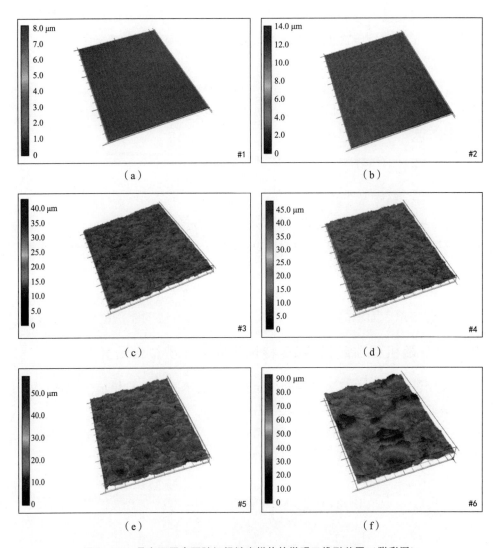

图 2 - 12　具有不同表面随机粗糙度样片的微观三维形貌图（附彩图）

（a）$R_a = 0.1 \, \mu m$；（b）$R_a = 0.3 \, \mu m$；（c）$R_a = 1.6 \, \mu m$；

（d）$R_a = 2.3 \, \mu m$；（e）$R_a = 3.9 \, \mu m$；（f）$R_a = 6.4 \, \mu m$

　　采用偏压电流法进行二次电子发射特性测试，得到图 2 - 12 中样片在不同入射角度下的 SEY 曲线，如图 2 - 13 所示。

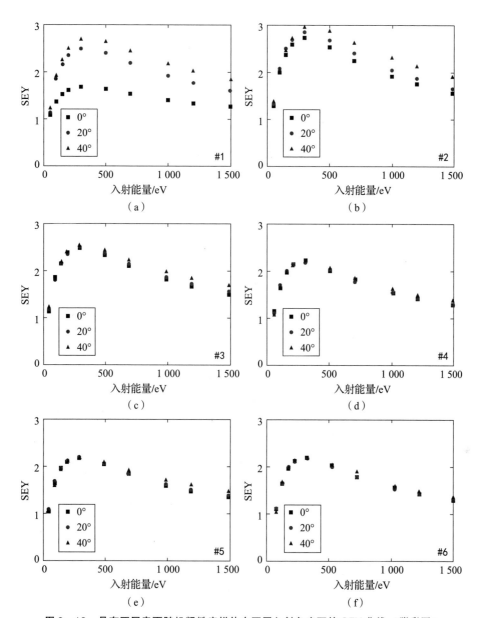

图 2 - 13　具有不同表面随机粗糙度样片在不同入射角度下的 SEY 曲线（附彩图）

（a）$R_a = 0.1\,\mu m$；（b）$R_a = 0.3\,\mu m$；（c）$R_a = 1.6\,\mu m$；

（d）$R_a = 2.3\,\mu m$；（e）$R_a = 3.9\,\mu m$；（f）$R_a = 6.4\,\mu m$

采用修正 Vaughan 模型对样片的 SEE 特性测量结果进行拟合，结果如表 2 - 4 所示。

表2-4　具有不同表面随机粗糙度铝合金材料的 SEE 特性 Vaughan 模型拟合参数

样片	$R_a/\mu m$	δ_{max0}	E_{max0}/eV	E_1/eV	k_s
#1	0.1	1.69	300	50	3.2
#2	0.3	2.70	300	30	1.2
#3	1.6	2.49	300	35	0.3
#4	2.3	2.20	300	35	0.1
#5	3.9	2.17	300	40	0
#6	6.4	2.21	300	38	0

如图 2-14 所示，当金属样品表面制备为具有随机粗糙度时，对其二次电子发射特性的影响如下：

（1）对于同种样片材料，在垂直入射时，SEY 的最大值 δ_{max} 在表面状态达到理想光滑（$R_a \leqslant 0.1\ \mu m$）时达到最小。此时，表面越光滑，δ_{max} 越小。

（2）表面状态越光滑（即表面随机粗糙度越小），SEY 随入射角度的变化越大。SEY 在不同入射角度下呈现较大范围的变化。

（3）随着表面状态越来越粗糙（即随机粗糙度逐渐增大），δ_{max} 呈现先增大后减小的趋势。当粗糙度增大到一定值（$R_a \geqslant 2\ \mu m$）时，对 SEY 有一定的抑制作用。

（4）当表面随机粗糙度持续增大（$R_a \geqslant 2\ \mu m$）时，样片表面 SEY 随不同入射角度的变化几乎可以忽略（$k_s \approx 0$），在不同的入射角度下呈现几乎相同的 SEE 特性。

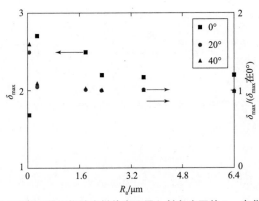

图 2-14　具有不同表面随机粗糙度样片在不同入射角度下的 δ_{max} 变化趋势（附彩图）

2.3.2　表面微孔隙 SEE 特性实验和模型拟合研究

自 20 世纪 80 年代以来，半导体工艺、微加工与精密加工技术获得了长足进步，使得利用表面周期性规则（或非规则）微结构（或微孔隙）控制材料二次电子发射特性成为可能，并在高功率微波介质窗和航天器大功率微波部件等大功率系统的微放电抑制中得到一定应用。相较于矩形槽、三角槽等三维结构，圆孔形微孔隙具有更好的降低表面 SEY 的效果。

本节采用化学刻蚀法，在金属样片表面形成致密性微孔隙结构，并用圆孔形三维结构表征其形貌，研究不同形貌参数对 SEY 的影响。

相较于由机械加工产生的随机粗糙度，采用化学刻蚀人工构建的非规则微孔隙在金属材料表面形成了一定形貌，平均孔隙深度为 H，平均孔隙宽度为 W。表面形貌用深宽比 $A_R = H/W$ 表示。

非规则微孔隙表面三维形貌如图 2–15 所示。样片材料为铝合金，对样片#7、#8、#9 和#10 的刻蚀时间分别为 5 s、20 s、40 s 和 60 s。随着刻蚀时间的增加，表面被刻蚀的深度增加。不同样片的二次电子发射特性测量结果如图 2–16 所示，采用 Vaughan 模型进行拟合，结果如表 2–5 所示。

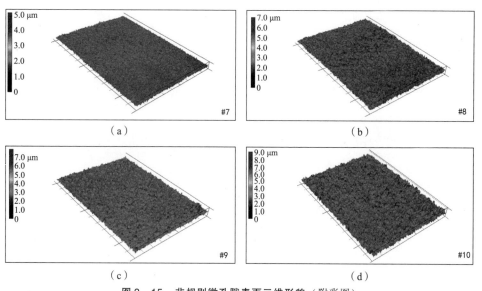

图 2–15　非规则微孔隙表面三维形貌（附彩图）

（a）$A_R = 0.75$；（b）$A_R = 1.17$；（c）$A_R = 1.38$；（d）$A_R = 1.34$

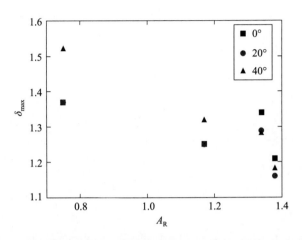

图 2-16　非规则微孔隙表面在不同入射角度下的 δ_{max} 变化趋势（附彩图）

表 2-5　非规则微孔隙金属表面 SEE 特性 Vaughan 模型拟合参数

样片	$R_a/\mu m$	A_R	δ_{max0}	E_{max0}/eV	E_1/eV	k_a
#7（5 s）	0.72	0.75	1.37	300	137	1.3
#8（20 s）	0.76	1.17	1.25	400	160	0.7
#9（40 s）	0.75	1.38	1.17	600	200	0
#10（60 s）	0.98	1.34	1.34	500	150	0

　　SEY 测量结果说明，随着表面形貌参数 A_R 的增大，金属材料最大 SEY δ_{max} 降低，而表面随机粗糙度 R_a 几乎维持不变。此时，非规则微孔隙的深度和宽度为微米量级，随着孔隙深度的增加，表面的平均粗糙度变化有限。

　　与表面随机粗糙起伏相比，非规则微孔隙对于材料的二次电子发射特性同样呈现了角度不敏感特性。即当非规则微孔隙达到一定深度时，随着深度 H 的持续增加，材料表面 SEY 对入射角度的依赖关系逐渐降低，直至其变化可忽略。当 $A_R \geqslant 1.34$ 时，受具有一定深宽比非规则微孔隙的束缚作用和表面起伏的散射作用，斜入射时的二次电子发射曲线几乎与垂直入射时保持一致。

|2.4　金属表面形貌对微放电影响数值模拟研究|

基于全波电磁计算方法与粒子模拟技术，对三维计算空间中微放电电子随时间演变规律与趋势进行追踪，能够实现大功率金属微波部件中微放电效应数值模拟与阈值分析。采用 FDTD 算法实现微波部件中三维电磁场分布计算。结合本章中表面形貌对材料 SEE 特性影响的实验和模型拟合研究，在微放电数值模拟 EM – PIC 算法中嵌入考虑表面形貌的 SEE 模型（图 2 – 17），在本节中通过数值模拟研究材料表面形貌特性对微放电效应的影响。

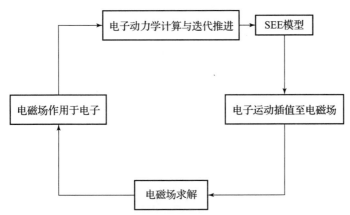

图 2 – 17　材料表面形貌特性对微放电的影响仿真研究 EM – PIC 核心算法示意图

选择两种典型行波结构和强谐振结构微波部件进行数值模拟研究和仿真验证，包括金属矩形波导腔阻抗变换器和金属同轴腔体滤波器。如图 2 – 18 和图 2 – 19 所示，缺省单位为毫米（mm），微波部件结构材料为银。微放电数值模拟频率分别为 3.85 GHz 和 0.45 GHz。

如表 2 – 4 和表 2 – 5 所示，当金属材料表面具有不同的表面随机粗糙度和非规则微孔隙等表面形貌时，二次电子发射特性呈现较大变化。表面形貌对 SEE 特性的影响主要体现在两方面。一方面，不同入射角度下全能量段的 SEY 均发生较大变化，此时定义为表面形貌对 SEE 的散射效应，

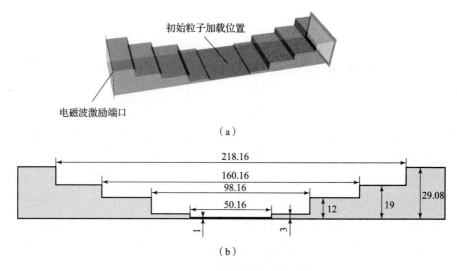

图 2 - 18　阻抗变换器的对称结构

（a）三维结构；（b）物理尺寸

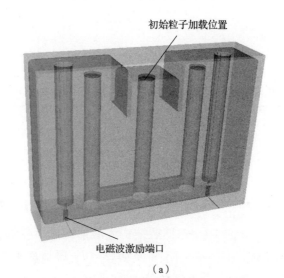

图 2 - 19　同轴腔体滤波器

（a）三维结构

在 SEE 模型中用 k_s 表征。另一方面，表现为同一入射角度下 SEY 产额的明显差异，在 SEE 模型中表现为 E_1、δ_{max0} 和 E_{max0} 的变化。在微放电数值模拟中考虑不同形貌下相对应的 SEE 模型及其实验拟合结果，研究表面形貌对金属微波部件微放电阈值的影响。

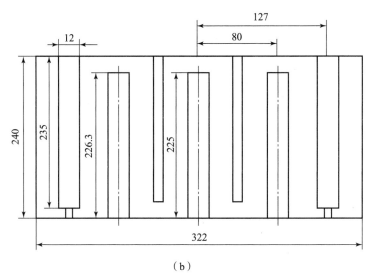

（b）

图 2 - 19　同轴腔体滤波器（续）

（b）物理尺寸（单位：mm）

　　图 2 - 20、图 2 - 21 给出了在微放电演变的不同阶段，不同的表面状态参数 k_s 对粒子入射角度概率分布特性的影响。在微放电初始化阶段，粒子入射角度服从余弦分布。经过数百个射频周期的演变，在电磁场的作用下，考虑较大出射角度时电子的耗散，最终对微放电产生贡献的粒子入射角度集中在 0°～30°，该过程几乎不受表面状态的影响。对于表面较为粗糙（$k_s = 0.5$）和较为光滑（$k_s = 1.0$）的状态，粒子入射角度分布概率呈现几乎相同的分布。

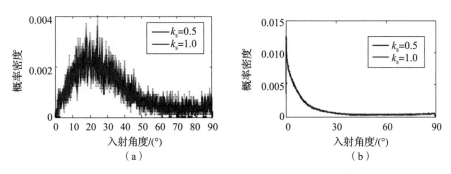

图 2 - 20　金属阻抗变换器中不同表面状态下粒子入射角度概率密度分布（附彩图）

（a）初始化阶段；（b）发生微放电阶段

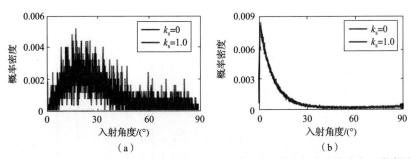

图 2 - 21　金属同轴腔体滤波器中不同表面状态下粒子入射角度概率密度分布（附彩图）

（a）初始化阶段；（b）发生微放电阶段

　　图 2 - 22 显示了在发生微放电时，不同的表面状态参数 k_s 对粒子入射能量概率分布的影响。当在微波部件中发生微放电时，二次电子在其渡越过程中从电磁场中获得几乎相等的能量。由于微放电发生时，粒子入射角度集中在 0° ~ 30°，因此粒子与金属表面碰撞能量几乎不受表面形貌对不同入射角度下二次电子散射效应的影响。值得注意的是，表面形貌的尺寸为微米（μm）量级，比物理尺寸为厘米（cm）量级的微波部件小数个数量级，无法直接建模分析。因此，通过在微放电数值模拟中结合 SEE 模型进行数值模拟和定性分析。在微结构中对电子运动的准确轨迹追踪和微观分析需要用到蒙特卡洛算法。

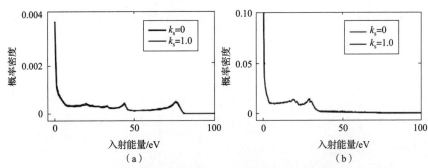

图 2 - 22　不同表面状态下粒子入射能量概率密度分布（附彩图）

（a）阻抗变换器；（b）同轴腔体滤波器

　　图 2 - 23 显示了不同表面状态参数 k_s 对微放电演变过程中二次电子数目和总粒子数目的影响。表面散射作用越强（即 k_s 越小），则从表面出射的二次电子越少，计算空间中总粒子数目越少。但是，二次电子数目或总粒子数变化的范围在 5% 以内，对微放电阈值的影响可忽略。

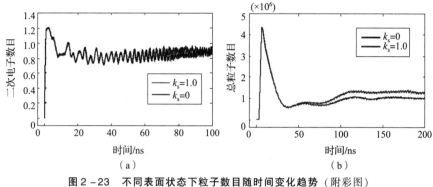

图 2-23 不同表面状态下粒子数目随时间变化趋势（附彩图）

（a）阻抗变换器；（b）同轴腔体滤波器

表面状态除了对入射电子产生随角度变化的散射效应外，还对二次电子发射净产额产生影响，在 SEE 模型中体现为 E_1、δ_{max0} 和 E_{max0} 的变化。图 2-24 给出了不同的 E_1、δ_{max0} 和 E_{max0} 下微波部件微放电阈值的变化趋势。由数值模拟结果可知，E_1 是对微放电阈值影响最大的 SEE 参数，通常情况下大于 δ_{max0} 和 E_{max0} 产生的影响。

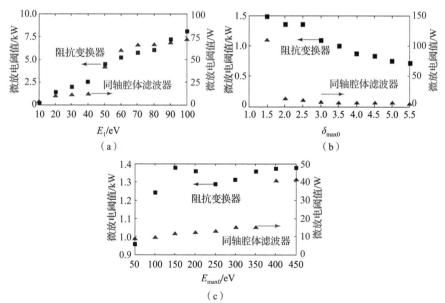

图 2-24 金属微波部件中微放电阈值随二次电子发射特性参数的变化情况（附彩图）

不同表面状态下的金属微波部件微放电阈值如表 2-6 所示。对于工程中常用的机械加工工艺，材料表面随机粗糙度 R_a 为 0.3~1.6 μm，对微波部件微放电阈值的影响较小。当材料表面粗糙度较小（$R_a <$ 0.1 μm），接近理想光滑平面时，微放电阈值达到最大，为常用机械加工表面的 3～4 倍。对于机械加工具有随机粗糙度的材料表面，随着随机粗糙度的持续增加，微放电阈值有一定提高。对于具有一定深宽比的非规则微孔隙表面，金属微放电阈值大幅度提高。深宽比越大，微放电阈值越高。

表 2 – 6　不同表面状态下的金属微波部件微放电阈值

表面状态		阻抗变换器 微放电阈值/W	同轴腔体滤波器 微放电阈值/W
随机粗糙起伏	$R_a = 0.1$ μm	8 281	78
	$R_a = 0.3$ μm	2 094	13
	$R_a = 1.6$ μm	2 148	14
	$R_a = 2.3$ μm	4 687	62
	$R_a = 3.9$ μm	5 156	75
	$R_a = 6.4$ μm	4 625	59
非规则微孔隙	$A_R = 0.75$	15 000	140
	$A_R = 1.17$	16 000	194
	$A_R = 1.38$	16 750	≥1 000
	$A_R = 1.34$	15 250	156

当表面形貌的改变使得 E_1 足够大时，金属微波部件中将不再发生微放电效应。以金属同轴腔体滤波器为例，微放电效应发生在滤波器内部最窄间距处，位于谐振柱的顶端与对应的腔体壁之间。微放电电子的运动受牛顿 – 洛伦兹方程驱动：

$$m \frac{\partial v}{\partial t} = eE + ev \times B \qquad (2-28)$$

式中，v——电子的运动速度，m/s；

$\quad\quad m$——单位电子质量，kg；

$\quad\quad e$——单位电子电荷量，C；

$\quad\quad E$——电场矢量，V/m；

$\quad\quad B$——磁感应强度，T。

电子的渡越时间 t_0 由微波部件最窄间距处的边界条件给定：

$$\int_0^{t_0} v_\perp \, \mathrm{d}t = d \qquad (2-29)$$

式中，d——微波部件最窄间距，m；

　　$v_\perp$——电子运动速度 v 垂直于微波部件表面的分量，m/s。

假设电磁场激励为空间均匀分布的时谐场，则电场强度为

$$E_\perp = E_0 \sin(\omega_0 t) \qquad (2-30)$$

式中，E_0——电场幅度，V/m；

　　ω_0——电场角频率，rad/s。

假设电子入射时初始电场相位为 α，初始速度为 v_0，此时以速度 $v_{0\perp}$ 发射，忽略磁场，则电子的碰撞速度为

$$v_{\mathrm{in}\perp} = \frac{eE_0}{m\omega_0^2}\left[\cos\alpha - \cos(\omega_0 t)\right] + v_{0\perp} \qquad (2-31)$$

当微放电发生时，电子将在时间为 T_0 时与出射位置对应的另一表面发生碰撞，且碰撞时间满足如下条件：

$$\omega T_0 = N\pi + \alpha \qquad (2-32)$$

除了电磁场的谐振条件以外，电子垂直入射时的碰撞能量 $E_{\mathrm{in}\perp}$ 应大于第一能量点 E_1。由此，发生微放电的最大电子相位极限为

$$\alpha_{\max} = \arctan\frac{2\omega_0 d - N\pi(|v_1| + |v_0|)}{2(|v_1| - |v_0|)} \qquad (2-33)$$

式中，v_1——对应于 E_1 的速度，m/s。

如果电子两次碰撞之间的距离过小，或者电磁场入射功率过高导致电子与微波部件碰撞时远未到达电磁场反向时间，将不会发生微放电效应。因此，不发生微放电效应的电子相位极限为

$$\alpha_{\min} = -\sqrt{\frac{16|v_0|}{5|v_0| + 3v_{\mathrm{in}\perp}}} \qquad (2-34)$$

由此可推断，当材料表面状态的改变使得 E_1 增大，导致 $\alpha_{\min} > \alpha_{\max}$ 时，微波部件中将不会发生微放电。通过粒子模拟仿真验证，当 $E_1 \geqslant 200$ eV 时，金属同轴腔体滤波器不再发生微放电效应。不会发生金属微放电的 E_1 极限值由具体器件的物理结构、电磁场分布和材料表面状态共同决定，需要通过数值求解。

|2.5 本章小结|

本章概述了金属二次电子发射特性的测量原理、建模理论，以及表面形貌对金属二次电子发射特性和微放电阈值的影响。在针对金属材料二次电子发射特性的研究中，给出了由机械加工引起的随机粗糙表面和人工构建具有一定深度的微结构表面对金属材料二次电子发射的影响，并介绍了如何采用 Vaughan 模型和 Furman 模型两种 SEE 模型对二次电子发射测试结果进行拟合。结合电磁粒子模拟方法，进一步阐述了金属微放电阈值功率对二次电子发射特性的敏感性关系。

参 考 文 献

[1] ZHANG H B, HU X C, WANG R, et al. Note：measuring effects of Ar－ion cleaning on the secondary electron yield of copper due to electron impact [J]. Review of Scientific Instruments, 2012, 83 (6)：066105.

[2] PIMPEC F L, KIRBY R E, KING F, et al. Properties of TiN and TiZrV thin film as a remedy against electron cloud [J]. Nuclear Instruments & Methods in Physics Research, 2005, 551 (2/3)：187－199.

[3] VAUGHAN J R M. Multipactor [J]. IEEE Transactions on Electron Devices, 1988, 35 (7)：1172－1180.

[4] VAUGHAN J R M. New formula for secondary emission yield [J]. IEEE Transactions on Electron Devices, 1989, 36 (9)：1963－1967.

[5] LYE R G, DEKKER A J. Theory of secondary emission [J]. Physical Review, 1957, 107 (4)：977－981.

[6] LI Y, CUI W Z, WANG H G. Simulation investigation of multipactor in metal components for space application with an improved secondary emission model [J]. Physics of Plasmas, 2015, 22 (5)：1172－2126.

第 3 章

磁性介质二次电子发射特性模拟与实验

|3.1 概　　述|

　　磁性介质是构成铁氧体环行器的重要组成部分，也是铁氧体环行器具有电磁场传输环行特性的基础[1-3]。不同于金属，磁性介质在受到电子束轰击时，由于电气绝缘性而在表面存在电子或空穴的积累；亦不同于普通电介质材料，磁性介质由于电子自旋运动产生磁偶极矩而具有磁性。根据特性及用途不同，铁氧体磁性介质可分为软磁、恒磁、矩磁、旋磁和压磁五大类。本章针对铁氧体环行器中常用的亚铁磁性复合材料（尤其是微波旋磁性铁氧体材料）展开研究。微波铁氧体主要包含铁氧化合物和其他一种（或多种）金属氧化物，具有较高的电阻率和各向异性磁导率。

　　铁氧体是铁和其他一种（或多种）适当的金属元素组成的复合氧化物。铁氧体又称磁性瓷，其生产过程及其外观类似于陶瓷。铁氧体的电阻率一般为 $10^2 \sim 10^{11}\ \Omega \cdot cm$。相较于金属或合金磁性材料（$10^{-6} \sim 10^{-4}\ \Omega \cdot cm$），铁氧体的电阻率更高。铁氧体具有磁性介质特性，在微波频段的介电常数为 $8 \sim 16$。在基本内禀磁性方面，铁氧体的饱和磁化强度 $4\pi Ms$ 为 $0.02 \sim 0.55\ T$，可覆盖大部分微波频段，其居里温度为 $100 \sim 600\ ℃$。

根据晶体结构，将铁氧体主要分为三类（图 3 - 1）：尖晶石型铁氧体、柘榴石型铁氧体和磁铅石型铁氧体。尖晶石型铁氧体是指晶体结构与天然矿物尖晶石 $MgAl_2O_4$ 相同的铁氧体，又称磁性尖晶石。柘榴石型铁氧体是亚铁磁体的代表性物质（简称 YIG），具有复杂的晶体结构。磁铅石型铁氧体为与天然磁铅石有相似晶体结构的铁氧体，属六角晶系。尖晶石型铁氧体和柘榴石型铁氧体已经广泛应用于微波磁性器件（如环行器、隔离器和移相器等）的设计和制作。磁铅石型铁氧体常用于毫米波环行器（甚至太赫兹环行器）的制作。

图 3 - 1　常见的铁氧体介质材料

研究磁性介质二次电子发射特性、磁场对电子运动的影响[4-6]是开展大功率铁氧体环行器微放电数值模拟与抑制研究的基础。与金属材料相比，存在磁性介质时的微放电演变过程有明显差异。首先，磁性介质表面电子动力学发生变化。受磁性介质表面积累电荷场和外加磁场的影响，电子在磁性介质表面（尤其是具有微结构形貌表面）的运动不同于金属，可能由二维平面的直线运动转变为三维空间的回旋变速运动。其次，磁性介质材料微观原子中电子自旋特性可能导致二次电子发射特性产生变化，进而影响出射产额与能谱、角度分布。最后，磁性介质边界条件与金属不同。对于金属材料的边界条件，可用完纯导体进行表征，任意金属内部的电磁场为零，金属与真空界面处的切向电场为零、法向电场连续。然而，磁性介质受掺杂元素不同、多种组分构成比例不同和晶体结构不同等因素的影响，介电常数 ε_r、饱和磁化强度 M_s 和共振线宽 ΔH 等物理特性参数存在较大差异，无法建立统一的边界条件，需要根据具体的磁性介质类型进行电磁场分布与电子运动的计算与分析。

　　基于磁性介质二次电子发射实验与理论研究，本章将探讨通过在磁性介质表面构建规则微结构来改变表面 SEY 的理论可行性与实验验证。针对金属材料表面的 SEY 抑制，本书在 1.4 节介绍了西安交通大学贺永宁教授课题组和西班牙材料科学研究院 Isabel 教授课题组等基于化学刻蚀、物理磁控溅射和微图形光刻等表面工艺技术，在金属材料表面制备规则（或非规则）微结构，实现了金属 SEY 的大幅度降低。本章将首先通过分析磁性介质表面电磁场分布特性，建立存在射频电磁场、表面电荷积累场和外加磁场的混合电磁场条件下电子动力学特性，基于蒙特卡洛方法模拟电子在磁性介质表面微结构中运动、与边界碰撞、产生二次电子和多次碰撞电子出射的空间物理运动过程，得到磁性介质表面 SEY，并基于 SEE模型进行参数提取与曲线拟合。

| 3.2　介质二次电子发射测量及理论模型 |

3.2.1　介质材料二次电子测量平台与原理

　　磁性介质不同于金属，材料本身具有较高的电阻率。当入射电子束轰击至磁性介质时，无法及时导走电荷，因此第 2 章中用于金属二次电子发射测量的偏压电流法不再适用。如图 3 - 2 所示，基于收集法进行介质二次电子发射特性测量。该装置由 UHV 腔体、样品传输通道、样品位置调节装置、入射电子枪、中和电子枪、中和离子枪、样品台、收集极、电子收集法拉第杯、高精度皮安电流表、数据收集和处理系统等组成。UHV腔体由两级腔体组成：一级为进样腔，采用机械泵抽真空，真空度≤1 Pa；另一级为二次电子发射测试腔体，采用机械泵和分子泵联合抽真空，真空度≤10^{-7} Pa。针对介质 SEY 曲线测量，采用入射脉冲电子枪作为入射电子束源；采用中和电子枪和中和离子枪对介质表面积累电荷进行中和；采用法拉第杯作为收集极，收集从样品表面出射的二次电子。

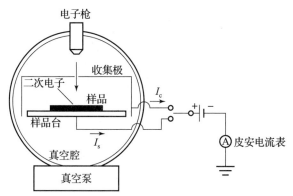

图 3 - 2　基于超高真空腔的介质二次电子发射实验测量原理

介质的 SEY 并非直接通过测量入射电子和出射电子数目得到，而是通过测量入射电流和出射电流并计算得到：

$$\delta = \frac{I_{co}}{I_{co} + I_s} \tag{3-1}$$

式中，I_{co}——从收集极收集得到的二次电子电流，包括真二次电子和背散射电子，A；

　　　I_s——未放置样品时从样品台收集得到的电流，A。

测量介质 SEY 时，首先测量得到总入射电流，即 $I_{co} + I_s$。首先，在收集极和样品台均加载 +40 V 偏压，且样品台上不放置样品，在电子束入射后同时收集收集极和样品台上的电流，得到总电流。其次，将样品传送至样品台，在收集极上加载 +40 V 偏压，在电子束入射后收集收集极上的电流，得到二次电子电流 I_{co}。根据式（3 - 1）进行计算，得到一定入射电子能量下的 SEY。最后，根据产额进行中和，测试下一个入射电子能量点。对样品台倾斜角度进行调整，可得到不同入射角度下的 SEY 曲线。

3.2.2　基于 Vaughan 模型的铁氧体 SEE 模拟

如图 3 - 3 所示，采用传统机械加工工艺加工尺寸为 10 mm × 20 mm × 1 mm 的铁氧体样片。此处的铁氧体样片与铁氧体环行器中的铁氧体基片材料相同，均为柘榴石型铁氧体。机械加工工艺也与环行器中铁氧体基片相同，表面粗糙度 R_a 为 1.6 μm。

图 3 - 3   铁氧体样片

采用介质材料二次电子测量平台测量得到铁氧体样片的 SEY 曲线如图 3 - 4 所示。可以看到，在垂直入射条件下，该柘榴石型铁氧体样片的 SEY 最大值 δ_{max0} 为 2.37，对应的入射电子能量 E_{max0} 为300 eV。进一步地，采用修正 Vaughan 模型对测得的铁氧体 SEY 曲线进行模型拟合，并与实验数据进行对比，如图 3 - 4 所示。

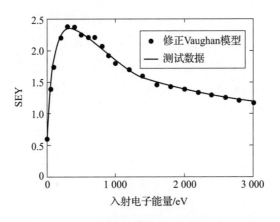

图 3 - 4   未清洗铁氧体样片的 SEY 曲线

关于 Vaughan 模型的详细定义及数学表达已在 2.2.2 小节中给出，由于模型简单，表征了 SEY 基本曲线形状与关键参数，Vaughan 模型在微放电数值模拟与分析中得到广泛应用。本节采用修正 Vaughan 模型对铁氧体介质材料的 SEY 曲线进行拟合。由图 3 - 4 可知，拟合误差较小，并在第 7 章应用于铁氧体环行器微放电数值模拟与分析。

|3.3　磁性介质表面混合电磁场分布研究|

在实验测量获得平滑表面磁性介质 SEY 曲线并进行模型拟合后，进一步研究具有规则微结构表面磁性介质二次电子发射特性。

首先分析磁性介质表面电磁场分布特性。如图 3 - 5 所示，在具有规则微结构的真空/磁性介质界面，除了馈入的射频电磁场 $\boldsymbol{E}_{rf} \times \boldsymbol{B}_{rf}$ 以外，还存在外加静态磁偏置场 $\boldsymbol{B}$、由于 SEE 现象而产生的表面积累电荷场 $\boldsymbol{E}_{dc}$ 和由于电子间互作用而产生的空间电荷场 $\boldsymbol{E}_{sc}$。此时，表征电子运动的洛伦兹力方程可表示为

$$m \frac{\mathrm{d}\boldsymbol{v}}{\mathrm{d}t} = e(\boldsymbol{E}_{rf} + \boldsymbol{E}_{dc} + \boldsymbol{E}_{sc}) + e\boldsymbol{v} \times (\boldsymbol{B} + \boldsymbol{B}_{rf}) \qquad (3-2)$$

式中，v——电子的运动速度，m/s；

m——电子质量，kg；

e——电子电量，C。

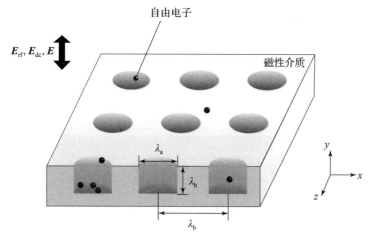

图 3 - 5　具有人工构造微结构真空/材料界面上的电子运动原理

本节首先针对具有规则微结构金属界面电磁场分布特性和微结构中电子运动特性展开研究。对于金属/真空界面，$\boldsymbol{E}_{rf}$ 的切向分量为零，在界面上无法积累电荷。当空间中的自由电子运动进入金属表面微结构时，其运

动状态受进入微结构之前电磁场作用力的影响，最终运动状态取决于微结构的物理尺寸。对于金属表面具有封闭横截面形状（如矩形、三角形和圆形）的表面微结构，射频电磁场的传输存在截止频率 f_c。当射频电磁场工作频率低于截止频率时，射频电磁场将不再在微结构中传输。针对不同横截面形状的电磁边界条件，求解麦克斯韦方程可以获得相应的截止频率 f_c。对于具有边长为 w_a 和 w_b 的矩形横截面，TE_{mn} 模式射频电磁场的截止频率为

$$f_c = \frac{c}{2}\sqrt{\left(\frac{m}{w_a}\right)^2 + \left(\frac{n}{w_b}\right)^2} \qquad (3-3)$$

式中，c——真空中的光速，m/s；

m,n——由电磁场模式决定的正整数。

对于直径为 l_a 的圆形横截面，TE_{mn} 模式射频电磁场截止频率为

$$f_c = \frac{c}{\pi l_a}u'_{mn} \qquad (3-4)$$

式中，u'_{mn}——第一类 m 阶贝塞尔函数导数 $J'_m(x)$ 的第 n 个根。

对于直径为 l_a 的圆形横截面，TM_{mn} 模式射频电磁场截止频率为

$$f_c = \frac{c}{\pi l_a}u_{mn} \qquad (3-5)$$

式中，u_{mn}——第一类 m 阶贝塞尔函数 $J_m(x)$ 的第 n 个根。

对于圆形横截面，等效为圆波导。其基模为 TE_{11} 模，截止频率为

$$f_{c11} \approx \frac{0.044}{l_a} \qquad (3-6)$$

式中，f_{c11}——TE_{11} 模的截止频率，GHz。

对于其他电磁场模式或者其他形状的横截面，f_c 可以结合具体电磁边界条件与麦克斯韦方程采用类似方法数值求解。

以圆柱形微结构为例，仅当工作频率 $f_0 > 1$ THz 时，射频电磁场能够传输进入金属表面半径（$l_a/2$）小于数百微米的圆柱形微结构。对于工作频率远小于太赫兹频段的射频电磁场，传输进入金属表面圆柱形微结构时被截止。此时，在微结构入口端面处存在倏逝波，在微结构中电磁场逐渐衰减为零。仅当金属/真空界面上圆柱形微结构的直径 $l_a > 20$ mm 时，工作频率为 $f_0 < 10$ GHz 的射频电磁场能够传输进入微结构。

对于规则的圆柱形微结构阵列，定义圆柱的相对直径为

$$\lambda_a = l_a / \lambda_0 \qquad (3-7)$$

式中，l_a——圆柱横截面直径，m；

　　　λ_0——射频电磁场工作波长，m。

定义圆柱的相对深度为

$$\lambda_h = h / \lambda_0 \qquad (3-8)$$

式中，h——圆柱深度，m。

定义圆柱形微结构的表面形貌拓扑参数深宽比为

$$S_r = \lambda_h / \lambda_a \qquad (3-9)$$

通过前述分析可知，当 $\lambda_a < 0.58$ 时，射频电磁场的传输将在圆柱形微结构中截止。假设 $f_0 = 10\ \text{GHz}$，$\lambda_0 = 0.03\ \text{m}$ 和 $S_r = 2$，在金属材料表面建立三维圆柱形微结构阵列模型，具有不同 λ_a 的圆柱孔金属/真空界面上电场幅度分布和电性能仿真结果如图 3-6 和图 3-7 所示。

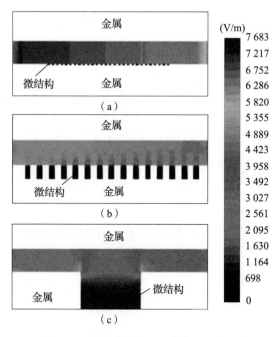

图 3-6　金属/真空界面上的电场分布（附彩图）

（a）$\lambda_a = 0.001$；（b）$\lambda_a = 0.01$；（c）$\lambda_a = 0.1$

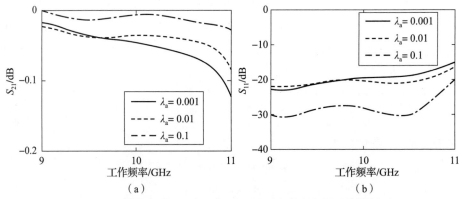

图 3 – 7   具有不同尺寸微结构表面的阻抗变换器电性能仿真结果
（a）插入损耗 S_{21} 随频率变化曲线；（b）回波损耗 S_{11} 随频率变化曲线

图 3 – 6 显示了在平行金属板间，金属表面具有不同相对直径尺寸表面微结构时的电场幅度三维分布。当微结构的尺寸远小于射频电磁场工作波长（即 $\lambda_a < 0.1$）时，微结构中射频电磁场传输截止，在圆柱形微结构的端口面上存在倏逝波。当微结构的尺寸小至射频电磁场工作波长的千分之一以下时，微结构中射频电磁场分布为零，且微结构端面上的电磁场变化可以忽略。因此，当电子进入深度远大于趋肤深度的微结构时，电磁场作用力可以忽略。可以推断，电子刚进入微结构时，运动速度为非均匀；但是当电子深入微结构后，电子近似匀速运动。

如图 3 – 7 所示，当 $0.01 < \lambda_a < 0.1$ 时，基于理想金属平面，微结构对金属微波部件电性能产生一定影响。此时改变了金属表面阻抗，对电性能的影响不一定表现为电性能的恶化，具体的变换幅度由金属微波部件物理尺寸、工作频率和微结构尺寸共同决定。当 $\lambda_a < 0.01$ 时，基于理想金属平面，微结构对金属微波部件电性能的影响非常微弱，可以忽略。

接下来，根据金属/真空界面上微结构中电磁场分布特性分析电子运动情况。当金属/真空界面上微结构中的电磁场传输截止时，电子在真空电磁场中获得加速或者减速，进入微结构后保持匀速运动。值得注意的是，这些孔隙在横截面上具有封闭形状。否则，电磁场将传输进入微结构，电子将以非均匀的速度运动。此时，电磁场分布和电子运动仅能通过数值方法求解。这是因为，界面上电磁场的不连续性较强，同时可能存在高阶电磁场模式。

　　然而，对于介质材料而言，射频电场 E_{rf} 的切向分量不为零，在真空/介质界面上连续。在真空和介质中 E_{rf} 垂直于界面分量的不连续性由介质材料表面积累电荷 Q_i 决定：

$$\boldsymbol{n}_0 \cdot (\varepsilon_0 \boldsymbol{E}_v - \varepsilon_0 \varepsilon_r \boldsymbol{E}_v) = \frac{Q_i}{S_A} \qquad (3-10)$$

式中，$\boldsymbol{n}_0$——垂直于界面的单位法向矢量；

　　　　ε_0——真空中相对介电常数；

　　　　$\boldsymbol{E}_v$——真空中射频电场垂直于界面的分量，V/m；

　　　　ε_r——介质中相对介电常数；

　　　　S_A——介质表面积，m^2。

　　介质材料表面电荷积累情况与自由电子在空间中的初始分布、电子在电磁场力作用下与介质表面的碰撞和电荷输运等条件有关。为了获得介质表面微结构中电磁场分布情况解析分析，假设在电子碰撞与二次电子发射过程中介质表面积累电荷呈均匀分布。电磁场在介质表面微结构中传输，且射频电场切向分量在真空/介质界面上连续。在微结构中同时存在射频电磁场和积累电荷场。假设 $\varepsilon_r = 2.1$，$f_0 = 15$ GHz，$\lambda_0 = 0.02$ m，$\lambda_a = 0.001$ 和 $S_r = 1.7$，在介质材料表面建立三维圆柱形微结构阵列模型，电场分布仿真结果如图 3-8 所示。可以看到，与金属材料不同，在介质表面三维微结构中存在电磁场分布，电子运动更为复杂。

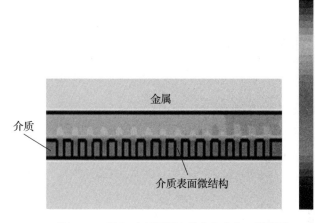

图 3-8　真空/介质界面上的电场分布（附彩图）

进一步地，对于具有圆柱形微结构的磁性介质表面，由于磁性介质的外加场偏置微结构中的静态磁场 $\boldsymbol{B}$ 并不为零。电子主要由射频电磁场、积累电荷场和静磁场驱动。忽略在微结构侧壁上的电荷沉积和空间电荷力，介质表面微结构中电子运动受力的洛伦兹方程简化为

$$\boldsymbol{F} = e \cdot (\boldsymbol{E}_{\mathrm{rf}} + \boldsymbol{E}_{\mathrm{dc}}) + e \cdot \boldsymbol{v} \times \boldsymbol{B} \qquad (3-11)$$

对于工作于 GHz 频段的介质微波部件，介质表面具有微米级结构尺寸的微结构中的射频电场近似为微结构端口面上射频电场幅度，即

$$\boldsymbol{E}_{\mathrm{rf}} \big|_{y = y_0 + \Delta h_y, 0 \leqslant \Delta h_y \leqslant h} \approx \boldsymbol{E}_{\mathrm{rf}} \big|_{y = y_0} \qquad (3-12)$$

式中，y_0——微结构端口面位置，m；

Δh_y——微结构中任意位置与端口面的距离，m；

h——微结构高度或深度，m。

此时，对于单载波射频电磁场而言，当 $\Delta y \ll \lambda_0$ 且 $\Delta t \ll T_0$ 时，

$$\boldsymbol{E}_{\mathrm{rf}}(y) \exp(\mathrm{j}2\pi f_0 t) \approx \boldsymbol{E}_{\mathrm{rf}}(y + \Delta y) \exp(\mathrm{j}2\pi f_0(t + \Delta t)) \qquad (3-13)$$

其中，

$$T_0 = 1/f_0 \qquad (3-14)$$

对于积累电荷场，可近似为

$$|\boldsymbol{E}_{\mathrm{dc}}| \approx \frac{N_y(1 - \delta_{\mathrm{av}})e}{2S_A \varepsilon_0} \qquad (3-15)$$

式中，N_y——入射到介质表面的电子数目；

δ_{av}——在二次电子发射过程中激发的平均 SEY。

3.4 具有微结构磁性介质二次电子发射特性模拟研究

在对磁性介质表面的电磁场分布进行近似处理后，采用数值方法进一步模拟电子在微结构中的运动。针对金属表面微结构，电子在微结构中近似做匀速直线运动。电子与微结构边界的碰撞和二次电子发射情况可简化为二维问题求解，求解电子匀速直线运动轨迹所在平面与微结构边界的交集，即可得到入射电子的碰撞信息。针对介质（尤其是磁性介质）表面微结构，电子在微结构中做回旋变速运动，需要求解三维电子

运动轨迹与微结构边界的碰撞问题，电子动力学更为复杂。此时，电子在电磁场的驱动下入射到介质材料表面，以一定概率入射到微结构，受到混合电磁场的作用，与微结构边界发生碰撞。如果电子入射能量和角度满足一定条件，则出射二次电子。二次电子在微结构中持续碰撞并被吸收，或从微结构中出射。记录电子运动过程中的每一次碰撞与 SEE 发射，可得到真空/磁性介质界面的 SEY，实现具有微结构磁性介质表面 SEE 模拟。

将大量初始电子入射到介质表面周期性微结构中的物理场景等效为单个微结构中电子运动，进行电子动力学与 SEE 模拟。基于蒙特卡洛仿真方法，针对磁性介质材料表面微结构中的电子动力学进行计算，获得相应的真空/介质界面上的 SEY，计算流程如图 3-9 所示。

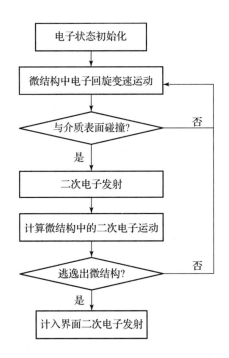

图 3-9　具有人工构造微结构真空/材料界面上的电子运动蒙特卡洛计算流程图

完整的算法流程包括以下主要步骤：

第 1 步，确定电子初始条件随机分布（包括入射速度、入射角度和入射位置）。

第 2 步，追踪入射电子在混合电磁场作用下在微结构中的运动轨迹。

第 3 步，根据电子运动方程与微结构边界条件判断电子是否与边界碰撞，记录碰撞信息（包括碰撞电子能量、角度和位置）。

第 4 步，计算二次电子出射信息（包括出射产额、能量、角度和位置）。

第 5 步，根据二次电子出射信息，迭代计算二次电子在微结构中的运动与多代碰撞情况。

第 6 步，计算从微结构中出射的电子数目，并记录其能量与角度，获得真空/磁性介质界面等效 SEY。

3.4.1 介质表面微结构中电子轨迹追踪算法

当电子以一定速度 v_{ini} 和角度 θ_{ini} 入射到介质表面微结构后，受混合电磁场力作用，做变速回旋运动。将电子运动分解为三维回旋运动和沿电场线方向的匀变速直线运动。如图 3 – 5 所示，假设在单个微结构中外加静磁场分布均匀，则电子回旋半径为

$$R_{c} = \frac{m \,|\, \boldsymbol{v}_{ini} \,|}{e \,|\, \boldsymbol{B} \,|} \tag{3 – 16}$$

回旋角频率为

$$\omega_{c} = e \,|\, \boldsymbol{B} \,| / m \tag{3 – 17}$$

令微结构端口面圆心位置为原点，结合回旋运动方程与微结构边界条件，可得到电子与微结构碰撞时间 t_c 与碰撞位置 s_c。

电子匀变速直线运动方程为

$$m \frac{\partial v_{\perp}}{\partial t} = e \cdot (\boldsymbol{E}_{rf} + \boldsymbol{E}_{dc}) \tag{3 – 18}$$

$$\int v_{\perp} \, \mathrm{d}t = h \tag{3 – 19}$$

式中，$v_{\perp}$——电子沿垂直于端口面方向速度，即图 3 – 5 中速度的 y 方向分量，m/s。

结合匀变速运动方程与微结构边界条件得到电子与微结构碰撞时间与碰撞位置。根据电子运动发生碰撞的最短时间判断得到电子与微结构碰撞时间 t_i。此时若满足不碰撞出射条件，即

$$\int_{t=0}^{t_i} v_\perp \, \mathrm{d}t = 0 \qquad\qquad (3-20)$$

则入射电子不与微结构碰撞而直接出射，总 SEY δ_{total} 计数加 1。

如果入射电子与微结构碰撞，则根据电子回旋运动得到碰撞时电子速度 $\boldsymbol{v}_{\text{in}}$、碰撞位置 $\boldsymbol{s}_{\text{in}}$ 和碰撞角度 θ_{in}。根据 SEE 模型，得到出射 SEY、能量分布与角度分布。以出射电子位置 $\boldsymbol{s}_o(x_o, y_o, z_o)$、速度 $\boldsymbol{v}_o$ 和角度 θ_o 作为初始条件，计算求解出射电子在微结构中的回旋运动与匀变速运动方程，根据电子运动发生碰撞的最短时间进行判断，得到电子与微结构再次碰撞时的时间 t_o。判断二次电子是否满足出射条件：

$$\int_{t=0}^{t_o} v_{o\perp} \, \mathrm{d}t = 0 \qquad\qquad (3-21)$$

式中，$v_{o\perp}$——电子出射速度沿垂直于端口面方向分量，m/s。

若二次出射的电子不再与微结构碰撞而直接出射，则总 SEY δ_{total} 计数加 1；否则，记录再次碰撞时间、位置、能量和角度，根据 SEE 模型计算下一次出射的电子。通常，入射电子经过一次碰撞后出射的二次电子能量较低（$<50\,\text{eV}$），同时在 $\lambda_a < 0.1$ 的微结构中获得的加速度较小，再次碰撞时很难有二次电子出射。因此，对于一个初始入射电子而言，经过三次以上的 SEE 过程，则其激励的所有二次电子将从微结构中出射或者被介质材料吸收，不再出射。采用蒙特卡洛数值模拟，构造服从一定随机性分布的初始电子，按照以上算法过程进行迭代计算，可得到具有微结构介质材料表面等效 SEY。

3.4.2　二次电子发射模拟中的坐标变换

如图 3-10 所示，在二次电子发射数值模拟算法中，为了计算任意位置处的电子碰撞入射与二次电子出射情况，往往需要进行坐标变换。对于在空间中运动的电子，其全局坐标用于电磁场分布的计算与电子运动的推进，采用笛卡儿坐标系定义为 (x, y, z)；其局部坐标用于具体碰撞位置处的电子碰撞计算，采用笛卡儿坐标系定义为 (x', y', z')。在进行磁性介质微结构中 SEE 模拟时，需要将电子在空间中运动时所处的全局坐标变换为碰撞位置处的局部坐标，或者将出射的二次电子的局部坐标变换为全局坐标。

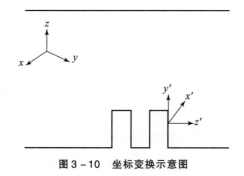

图 3 - 10　坐标变换示意图

1. 入射电子碰撞角度的计算

根据 3. 4. 1 节算法对入射电子轨迹进行计算和追踪。当电子在全局坐标中以速度 $v_i(v_{xi}, v_{yi}, v_{zi})$ 与微结构介质边界在 $s_i(x_i, y_i, z_i)$ 处发生碰撞时，需要得到电子与介质碰撞的能量 E_i 和角度 θ_i 并将其作为 SEE 模型的输入，以计算碰撞时的二次电子发射。碰撞能量可根据碰撞速度直接计算获得。对于碰撞角度，首先应根据微结构曲面形状计算碰撞位置处的法向量。若介质表面微结构曲面形状可在直角坐标系中用函数 $F(x,y,z)$ 表示，则 $s_i(x_i, y_i, z_i)$ 处的法向单位矢量为

$$u_i = \frac{F'_x(x_i, y_i, z_i)x + F'_y(x_i, y_i, z_i)y + F'_z(x_i, y_i, z_i)z}{\sqrt{F'_x(x_i, y_i, z_i)^2 + F'_y(x_i, y_i, z_i)^2 + F'_z(x_i, y_i, z_i)^2}} \quad (3-22)$$

式中，$F'_x(x_i, y_i, z_i)$——$F(x, y, z)$ 对 x 的偏导数在 $s_i(x_i, y_i, z_i)$ 处的值；

$F'_y(x_i, y_i, z_i)$——$F(x, y, z)$ 对 y 的偏导数在 $s_i(x_i, y_i, z_i)$ 处的值；

$F'_z(x_i, y_i, z_i)$——$F(x, y, z)$ 对 z 的偏导数在 $s_i(x_i, y_i, z_i)$ 处的值；

x, y, z——直角坐标系中沿 x 轴、y 轴和 z 轴的单位矢量。

由此，入射电子碰撞角度为

$$\theta_i = \arccos \frac{v_{xi}u_x + v_{yi}u_y + v_{zi}u_z}{|v_i| \cdot |u_i|} \quad (3-23)$$

根据式（3-22）和式（3-23），可获得入射电子与介质表面碰撞角度。若是形状规则的微结构，则往往可以根据结构形状直接定义碰撞位置处表面法向量。结合入射电子能量 E_{in}，将 θ_{in} 代入 SEE 模型，即可计算二次电子发射。

2. 出射电子坐标变换

由于在 SEE 模型中采用随机余弦分布模拟二次电子出射角度，因此在局部坐标中采用圆柱坐标系。若碰撞位置处曲面的单位法向矢量为 $\boldsymbol{u}_{in}(u_x, u_y, u_z)$，定义电子出射方向与 $\boldsymbol{u}_z$ 的夹角为 θ'、与 $\boldsymbol{u}_x$ 的夹角为 φ'，则出射电子在局部直角坐标系中的坐标 (xx', yy', zz') 为

$$\begin{cases} xx' = \sin\theta'\cos\varphi' \\ yy' = \sin\theta'\sin\varphi' \\ zz' = \cos\theta' \end{cases} \tag{3-24}$$

因此，$(xx'\boldsymbol{x}', yy'\boldsymbol{y}', zz'\boldsymbol{z}')$ 为以夹角 (θ', φ') 出射电子在局部直角坐标系中的出射方向。

将全局坐标系中任意坐标 (x_{in}, y_{in}, z_{in}) 变换到局部坐标系中时，局部坐标为 $(xx_{in}, yy_{in}, zz_{in})$，则

$$xx_{in} = x_{in}\boldsymbol{x} \cdot \boldsymbol{x}' + y_{in}\boldsymbol{y} \cdot \boldsymbol{x}' + z_{in}\boldsymbol{z} \cdot \boldsymbol{x}' \tag{3-25}$$

$$yy_{in} = x_{in}\boldsymbol{x} \cdot \boldsymbol{y}' + y_{in}\boldsymbol{y} \cdot \boldsymbol{y}' + z_{in}\boldsymbol{z} \cdot \boldsymbol{y}' \tag{3-26}$$

$$zz_{in} = x_{in}\boldsymbol{x} \cdot \boldsymbol{z}' + y_{in}\boldsymbol{y} \cdot \boldsymbol{z}' + z_{in}\boldsymbol{z} \cdot \boldsymbol{z}' \tag{3-27}$$

则坐标变换矩阵为

$$\boldsymbol{T}_{G/L} = \begin{bmatrix} \boldsymbol{x} \cdot \boldsymbol{x}' & \boldsymbol{y} \cdot \boldsymbol{x}' & \boldsymbol{z} \cdot \boldsymbol{x}' \\ \boldsymbol{x} \cdot \boldsymbol{y}' & \boldsymbol{y} \cdot \boldsymbol{y}' & \boldsymbol{z} \cdot \boldsymbol{y}' \\ \boldsymbol{x} \cdot \boldsymbol{z}' & \boldsymbol{y} \cdot \boldsymbol{z}' & \boldsymbol{z} \cdot \boldsymbol{z}' \end{bmatrix} \tag{3-28}$$

当按照式（3-24）得到出射二次电子的局部坐标后，根据局部坐标系到全局坐标系的坐标变换矩阵 $\boldsymbol{T}'_{G/L}$ 得到全局坐标系中的坐标 (x, y, z)：

$$\begin{bmatrix} x \\ y \\ z \end{bmatrix} = \boldsymbol{T}'_{G/L} \begin{bmatrix} xx \\ yy \\ zz \end{bmatrix} \tag{3-29}$$

3.4.3 具有微结构磁性介质 SEY 的蒙特卡洛模拟结果

采用蒙特卡洛模拟方法，对具有规则微结构阵列的磁性介质表面二次电子发射特性进行计算和模拟。假设磁性介质表面微结构的孔隙率为 ρ，ρ 表示微结构所占表面积与磁性介质总表面积的比值。ρ 越大，则表面微结构的所占比例越大。采用图 3-9 所示的算法，并结合蒙特卡洛模拟对

单个微结构中的电子入射、碰撞、二次电子发射和电子出射进行追踪，得到三维空间中单个微结构中电子出射个数与入射个数的比率，即单个微结构 SEY 值 δ_t。假设平滑磁性介质表面 SEY 为 δ_f，则具有微结构表面 SEY 为

$$\delta_{av} = (1 - \rho)\delta_f + \rho\delta_t \qquad (3-30)$$

图 3 – 11 所示为圆柱形微结构磁性介质/真空界面上不同深宽比 S_r 下的 SEY 曲线。设置入射初始电子数目为 5 000，$\lambda_a = 0.001$，$E_{dc} = 10$ V/m 和 $B = 0.001$ T。

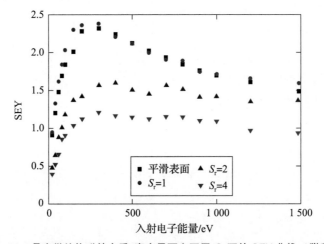

图 3 – 11 具有微结构磁性介质/真空界面上不同 S_r 下的 SEY 曲线 （附彩图）

当电子运动进入磁性介质表面的圆柱形微结构时，电子以回旋运动的形式获得加速。电子或空穴的沉积会形成表面势垒。若电子运动并与微结构边界碰撞，则发射具有更低能量的二次电子，那些无法克服表面势垒的二次电子将被介质吸收。此时，在磁性介质/真空表面形成了电子束缚效应，实际的 SEY 降低。当 $S_r \geq 2$ 时，微结构对电子的束缚效应开始显现，从界面上出射的最大 SEY 降低至小于 1.5。随着微结构深度的增加且 $S_r \geq 4$，电子束缚效应越发显著，平均 SEY 接近于 1，此时不易发生微放电。而当 $S_r \leq 1$，即微结构的宽度大于或等于深度时，表面微结构对 SEE 产生增强效应。根据模拟结果可知，表面微结构对材料 SEE 特性具有增强（或抑制）作用，起增强作用还是抑制作用及其作用效果与微结构的深宽比 S_r 有关。

图 3 – 12 所示为具有同样深宽比和不同绝对物理尺寸微结构的磁性介

质表面 SEY。此时，$S_r = 2$，$B = 0.001$ T，$E_{dc} = 250$ V/m，$\lambda_h = 3.1 \times 10^{-3}$ 和 $f_0 = 3$ GHz。可以看到，相较于深宽比，绝对物理尺寸对 SEY 的影响较微弱。对于具有不同物理尺寸和相同深宽比微结构磁性介质表面，可以通过蒙特卡洛模拟得到几乎相同的 SEY 曲线。相对而言，绝对尺寸越小，微结构对二次电子的束缚作用就越明显。根据模拟结果推断，影响表面 SEY 的主要因素为微结构的深宽比 S_r。

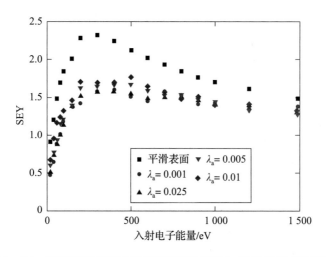

图 3 - 12　具有微结构磁性介质/真空界面上不同 λ_a 下的 SEY（附彩图）

如图 3 - 13 所示，为不同 E_{dc} 条件下具有微结构磁性介质/真空界面上模拟得到的 SEY 曲线。此时，$S_r = 2$，$B = 0.001$ T，$\lambda_a = 1.6 \times 10^{-3}$，$\lambda_h = 3.1 \times 10^{-3}$ 和 $f_0 = 3$ GHz。

当磁性介质表面积累负电荷时，对入射电子和出射二次电子产生排斥力；当磁性介质表面积累正电荷时，对入射电子和出射二次电子产生吸引力。相较于平滑表面，深宽比 $S_r = 2$ 的微结构对磁性介质 SEY 产生明显的抑制作用。当磁性介质表面带负电时，微结构对 SEY 的抑制作用仍然存在。但是，随着表面积累负电荷进一步增加，受电荷斥力影响，电子可能无法入射到微结构中，即无法产生发射。由模拟结果可知，介质表面积累的正电荷对于 SEY 有额外的抑制作用。E_{dc} 越大，SEY 抑制效果越明显。随着介质表面积累正电荷导致的场强度从 0 到 10^3 V/m 逐渐增大，从磁性介质表面微结构中出射的二次电子逐渐减少，抑制作用增强。这是因为，

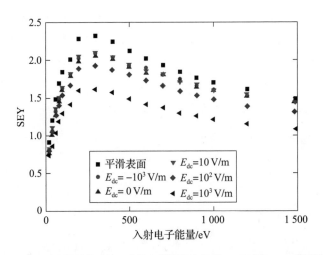

图 3-13　具有微结构真空/磁性介质界面上不同 E_{dc} 下的 SEY（附彩图）

电子与微结构边界碰撞时，产生的二次电子往往具有较低的能量，若此时受到正电荷吸引力回到介质表面，则对 SEY 有进一步的抑制作用。可以推测，当介质微波部件发生微放电时，大量出射二次电子，介质表面积累正电荷，将削弱微放电的产生。因此，在需要进行 SEY 抑制的应用场合，可通过外加静态正电荷偏置实现 SEY 的整体降低与抑制。

　　图 3-14 所示为不同外加静态磁场偏置条件下具有微结构磁性介质/真空界面上模拟得到的 SEY 曲线。此时，$S_r = 2$，$E_{dc} = 250$ V/m，$\lambda_a = 1.6 \times 10^{-3}$，$\lambda_h = 3.1 \times 10^{-3}$ 和 $f_0 = 3$ GHz。电子在微结构中运动时，受到射频电场力、表面积累电荷场和外加静态磁场的共同作用，做变速回旋运动。根据式（3-16），电子回旋半径不仅与外加磁场有关，还与电子入射到微结构中的运动速度有关。模拟结果表明，当 $B \geqslant 10$ T 时，电子回旋半径远小于微结构半径，此时电子垂直回旋入射到微结构的底部，然后垂直回旋出射，微结构对界面 SEY 不再产生影响，与平滑表面的 SEY 几乎相同。当 $B = 1$ T 时，若电子的入射速度较小，则回旋半径较小，大部分随机入射的电子不与微结构边界发生碰撞，与 $B \geqslant 10$ T 时的情况一致，微结构对界面 SEY 不再产生影响，与平滑表面的 SEY 几乎相同；然而，随着入射电子能量增加，电子回旋半径增大，入射电子与微结构边界发生碰撞，当电子回旋半径增大至几乎所有的入射电子均与微结构边界发生碰撞时，微结构对入射电子的束缚作用开始显现。随着外加磁

场减小至 $B = 0.1$ T，电子回旋半径远大于微结构半径，则微结构对入射电子的束缚作用最强。随着外加磁场的进一步减小，微结构对入射电子的束缚作用保持不变。

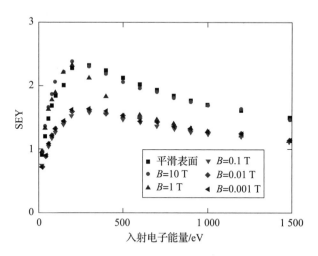

图 3 - 14　具有微结构真空/磁性介质界面上不同 B 下 SEY 曲线 （附彩图）

|3.5　具有微结构磁性介质 SEY 实验验证|

磁性介质（尤其是微波旋磁性铁氧体）一般烧结制成，具有硬度和脆度高、耐高温、耐腐蚀的物理化学特性。本节通过表面微加工工艺，探索在铁氧体表面加工和制备具有一定形貌的微结构，对铁氧体 SEY 模拟结果进行实验验证。

对于铁氧体介质材料，用于金属材料表面微结构制备的化学刻蚀、物理磁控溅射和微图形光刻等工艺均不再适用。通过优选工艺，采用高温激光烧蚀的方法在铁氧体表面进行微结构加工与制备。相较于化学制备方法，激光烧蚀技术具有不带来额外的化学物质沾污的优势；与其他物理制备方法相比，激光烧蚀技术具有强度高、可控性强、形成孔隙均匀等优势。

采用波长为 1 064 nm 的脉冲式红外光纤激光器对铁氧体介质样片表面进行处理，激光器最大加工功率为 20 W，最小束斑直径为 10 μm。

针对 3.4.3 节的模拟结果，采用大深宽比的微结构形貌对铁氧体表面的 SEY 特性进行调控，并对模拟结果进行实验验证。结合脉冲式红外光纤激光器的输出功率最大值和铁氧体介质材料，在铁氧体表面形成深度约为 310 μm、宽度约为 162 μm 的周期性圆柱形微结构，微结构表面孔隙率 ρ 约为 50%。

采用图 3 – 2 所示的介质二次电子发射特性测量平台，对平滑表面铁氧体和具有微结构表面铁氧体进行测试。图 3 – 15 所示为平滑表面铁氧体 SEY 测试曲线、具有微结构铁氧体 SEY 模拟曲线与实验测试曲线，此时实验测试垂直入射情况，电子入射角度为 0°。

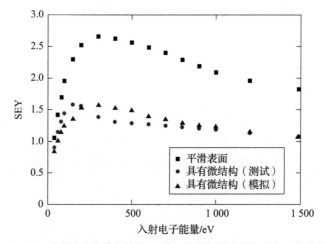

图 3 – 15　具有微结构铁氧体 SEY 模拟结果与测试结果对比（附彩图）

由图 3 – 15 可知，当在铁氧体表面构建深宽比 $S_r \approx 2$ 的圆柱形微结构阵列时，可实现 SEY 的有效抑制，整体能量范围内的 SEY 均有效降低。其中，最大 SEY δ_{max0} 与平滑表面相比从 2.65 下降至 1.58，第一能量点 E_1 与平滑表面相比从 25 eV 增加至 60 eV。这验证了深宽比 $S_r \approx 2$ 的圆柱形微结构对磁性介质材料二次电子发射的有效抑制。

与此同时，具有微结构表面 SEY 的蒙特卡洛模拟结果与实验结果在整个能量范围内吻合良好。其中，δ_{max0} 误差值小于 7%，SEY 最小误差值仅为 0.6%，且在整个能量范围内具有相同的 SEY 变化趋势。由此，验证了混合电磁场作用条件下 SEY 蒙特卡洛模拟方法用于具有微结构磁性介质表面电子轨迹追踪与 SEY 计算的有效性。

|3.6　本章小结|

本章概述了介质材料二次电子发射特性的测量原理、建模理论，以及表面微结构对介质材料二次电子发射特性的影响。本章介绍了磁性介质，尤其是铁氧体材料表面的二次电子发射特性。首先简要说明了理想条件下，磁性介质表面的射频电磁场、表面电荷积累场和静态磁场作用下的混合电磁场分布。然后通过混合电磁场作用下电子在三维规则微结构中运动、与介质碰撞、二次电子发射和从微结构中出射的微观运动过程的分析建立了相应的模拟方法。最终采用激光刻蚀在磁性介质表面制备规则微结构，并测试二次电子发射，对磁性介质表面二次电子发射模拟方法进行验证。

参 考 文 献

[1] SHALABY M, PECCIANTI M, OZTURK Y, et al. A magnetic non - reciprocal isolator for broadband terahertz operation [J]. Nature Communications, 2013, 4 (3): 1558.

[2] BI K, GUO Y S, ZHOU J, et al. Negative and near zero refraction metamaterials based on permanent magnetic ferrites [J]. Scientific Reports, 2014, 4: 4139.

[3] MONTERO I, CASPERS F, AGUILERA L. Low - secondary electron yield of ferromagnetic materials and magnetized surfaces [C] // International Particle Accelerator Conference, 2010: 1500 - 1502.

[4] VALFELLS A, ANG L K, LAU Y Y, et al. Effects of an external magnetic field, and of oblique radio - frequency electric fields on multipactor discharge on a dielectric [J]. Physics of Plasmas, 2000, 7

（2）：750－757.

［5］ CHANG C, LIU G Z, TANG C X, et al. Suppression of high－power microwave dielectric multipactor by resonant magnetic field ［J］. Applied Physics Letters, 2010, 96 (11)：111502.

［6］ CAI L B, WANG J G, ZHU X Q, et al. Suppression of multipactor discharge on a dielectric surface by an external magnetic field ［J］. Physics of Plasmas, 2011, 18：073504.

第 4 章

基于表面处理技术的微放电抑制技术研究

|4.1　概　　述|

随着深空探测、新一代导航、通信卫星技术的持续发展，航天器载荷大功率化、轻量化、小型化的趋势日益明显，航天器载荷功率密度持续提升的需求对大功率微放电效应的抑制不断提出新的更高要求。目前，国内外多家宇航机构先后开展了大量的微放电抑制研究工作，发展了多种不同的途径抑制航天器微放电效应，以提高功率阈值和载荷性能。通过表面处理抑制微放电效应具有其独特的优势：首先，无须对现有的器件结构进行改动，从而可以简化设计成本和缩短研制周期；其次，克服了其他方法引起质量增加所导致的航天器载荷成本提高问题。因此，20 世纪 90 年代以来，基于表面处理技术的微放电效应抑制在空间大功率微波领域越来越受关注。微放电实验周期长且无法随时随地开展，其关键要素——二次电子发射特性可通过二次电子测试实验快速获取。数值模拟研究显示，利用修正后的二次电子发射唯象概率模型，可获取微放电阈值与 SEY 和能谱的依赖关系，阻抗变换器和同轴滤波器的阈值预测误差分别为 0.12 dB 和 1.5 dB，通过 SEY 和能谱的研究能够间接获得微放电阈值。因此，研究中重点通过测试 SEY 的抑制情况，实现表面处理技术对大功率微波部件微放电阈值的提升[1-2]。

　　航天器大功率载荷发生微放电的核心要素是表面 SEY 大于 1.0，在射频电场作用下，微波部件表面发生二次电子倍增，最终发生微波部件微放电。内二次电子只有几个 eV 到几十个 eV 的能量，且在材料内部向外部运动过程中不断被原子核和材料的核外电子散射，材料深层的内二次电子在向外运动过程中不断被散射并损失能量，最终停留在材料内部。因此，只有距离真空界面数十甚至十数个纳米的内二次电子能够运动到材料表面并克服其与真空的能量势垒，进入真空成为出射的二次电子。

　　在物理机制上，二次电子倍增产生的微放电效应是微波射频电场下的表面与界面范畴内电子散射与真空跃迁等物理过程的集合。工程实际中，航天器载荷的表面状态是影响微放电效应发生的核心关键问题，包括材料的种类、成分、晶格结构、成键方式和表面形貌等因素。

　　航天器载荷大功率金属微波部件微放电效应抑制表面处理技术，主要有两类途径：第一类，通过人工制备表面陷阱结构增强电子在材料结构内部的碰撞散射，如化学腐蚀、激光刻蚀、紫外光刻等表面微纳结构人工制备技术，如图 4 - 1 （a）~（c）所示；第二类，发展表面 SEY 比微波部件传统金属材料 Ag、Au、Al 小的其他表面镀层材料，如阿洛丁（Alodine）、TiN、TiC 等，如图 4 - 1 （d）~（f）所示。基于常规技术制备传统材料镀层以实现大功率微放电效应抑制，国内外多家宇航和相关机构开展了系统而深入的研究工作。

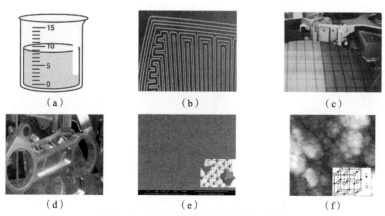

（a）　　　　　　　　　　（b）　　　　　　　　　　（c）

（d）　　　　　　　　　　（e）　　　　　　　　　　（f）

图 4 - 1　几种不同的传统表面处理技术

（a）化学腐蚀；（b）激光刻蚀；（c）紫外光刻；（d）阿洛丁；（e）TiN；（f）TiC

|4.2 基于表面陷阱结构的抑制技术研究|

微波部件表面形貌对二次电子发射特性和微放电阈值有极大的影响，采用人工调控表面形貌与陷阱结构是实现二次电子发射抑制和微放电阈值提升的重要方法。表面形貌直接影响电子的入射角度，在不同的入射角度下，电子入射深度与内二次电子产生的深度均发生改变。对于金属微波部件，相较于材料整体，原子核与内层电子构成的原子实体积极小，价电子形成电子云被全体原子实共有，可做如下近似：材料内部电子运动距离的大小和内二次电子产生概率与电子入射角度无关。电子垂直表面入射，对于光滑表面，入射电子在材料内部的入射深度可近似为其运动路径，内二次电子产生的深度大、距离表面远，逸出表面成为真二次电子的概率小；对于粗糙表面或者陷阱结构表面，每个电子入射的角度均发生改变，不再是垂直入射，入射电子在材料内部的入射深度可近似为其运动路径的余弦值，内二次电子产生的深度近似为垂直入射状态下的余弦值、距离表面近，逸出表面成为真二次电子的概率增大，因此凸起（或凹陷）结构的边缘极易形成放电的敏感微区，不利于表面 SEY 的降低。

表面陷阱结构的孔隙率和深宽比是影响二次电子发射的关键因素，陷阱结构 SEY 解析模型研究发现：当陷阱结构深宽比极小时，陷阱结构侧壁面积小，遮挡效应很弱，入射到侧壁的电子数极少，因而其产生的有效二次电子也极少，对 SEY 的影响极小；随着深宽比逐渐增加，入射到侧壁的电子数目增加，相较于入射到平面，入射到侧壁产生的二次电子数目增多，此时陷阱结构增大 SEY；之后，随着深宽比的继续增加，陷阱结构内一部分入射的电子及其激发的出射电子由于多次碰撞而被材料吸收，无法逸出表面，因此 SEY 减小。陷阱结构对 SEY 的改变是这两方面同时存在、相互竞争的结果。表面陷阱结构在总表面所占的比例称为孔隙率，陷阱孔隙内具有电子碰撞吸收效果。对于极低的孔隙率的表面，绝大部分电子入射到平滑表面，无法对电子产生有效的碰撞吸收，二次电子发射抑制效果弱；随着孔隙率的增大，入射到陷阱结构中的电子及其激发的出射电子被碰撞吸收，SEY 减小；当陷阱结构面积占比过大时，随着陷阱结构面积继续增大，SEY 将增大。

　　实现二次电子碰撞吸收的部分是陷阱结构内部面积，与之相反的是，侧壁会增大二次电子出射的概率。在同等陷阱结构深宽比和面积的情况下，侧壁面积越小，SEY 抑制的幅度将越高。对于表面陷阱结构，固定陷阱结构面积，其周长越小则侧壁面积越小，其周长越大则侧壁面积越大。由几何分析可知，同等面积下，边越多则周长越小。圆形可视为无限多边的等边多边形，其周长最小；等边三角形边数最少，其周长最大。相同面积下，假定圆形周长为 1，则正方形周长约为 1.12，三角形周长约为 1.38，如图 4-2 所示。因此，在同等情况下，圆形陷阱结构是实现更大幅度二次电子发射抑制的优选结构。同时，为了实现较好的二次电子发射抑制效果，必须设计和人工制备具有一定孔隙率和深宽比的陷阱结构。

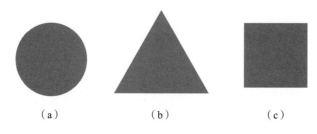

图 4-2　相同面积下，不同陷阱结构的周长

（a）周长为 1；（b）周长为 1.38；（c）周长为 1.12

　　Kawata 等[3-4]采用蒙特卡洛方法研究了金属铍表面波纹状粗糙结构和碗状陷阱结构粗糙度对入射能量 1 keV 以下二次电子发射特性的影响规律。仿真结果显示，深宽比对 SEY 有很大的影响，当深宽比较小时，随着碗状结构的深宽比增加，SEY 大于平滑表面的 SEY；当深宽比较大时，随着碗状结构的深宽比增加，SEY 得到有效抑制。前一阶段是由于同等能量的电子不能从平面逸出成为真二次电子，但是对于入射电子而言，陷阱结构的斜面增大了其出射概率，总的二次电子能谱中增加了低能量的二次电子比例。后一阶段是由于碗状陷阱内电子多次碰撞散射，最终无法逸出表面成为二次电子。

Valizadeh 等[5]报道了一种不锈钢、铝等表面通过激光刻蚀加工高度规则的表面形貌，如图 4-3 所示。激光刻蚀后，铜、铝和不锈钢的 SEY 最大值分别由初始状态下的 1.90、2.55 和 2.25 降低到 1.12、1.45 和 1.12，实现了较大幅度的二次电子发射抑制效果。

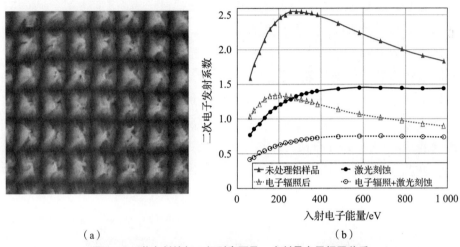

（a）　　　　　　　　　　　　　　　　（b）

图 4-3　激光刻蚀加工规则表面及一定剂量电子辐照前后
铝表面 SEY 随入射电子能量变化关系[5]（附彩图）

（a）激光刻蚀后金属表面形貌图像；（b）刻蚀和辐照前后金属铝表面 SEY 随入射电子能量变化关系

国内研究人员为了更准确地获得材料的二次电子发射特性规律，建立了多代二次电子研究模型，仿真计算初级电子与次级电子的轨迹及与材料的相互作用，迭代获得多次碰撞作用下产生的多级电子，以提高粗糙表面二次电子发射特性规律与发射系数分析精度[6]。

通过唯象概率模型对多种不同形状的陷阱结构（如三角形沟槽、矩形沟槽、方孔及圆孔等）二次电子运动轨迹开展模拟研究，采用统计分析的方法，从理论上获得了陷阱结构的形状及特征尺寸等对金属 SEY 的影响规律。其计算结果显示：陷阱结构的深宽比、孔隙率越大，SEY 抑制幅度越大；方孔形和圆孔形微陷阱结构的 SEY 抑制幅度大于三角形陷阱结构和矩形陷阱结构。进一步地，采用光刻辅助化学腐蚀法和化学腐蚀的办法实现了金属银、铝等结构表面的随机微纳陷阱结构制备，如图 4-4、图 4-5 所示[7-8]。相关研究结果显示，陷阱结构大约实现 30% 的二次电子发射抑制效果。

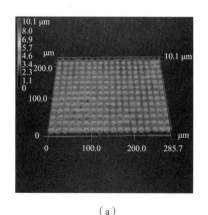
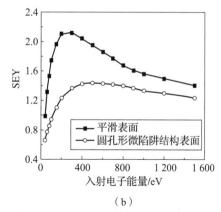

（a）   （b）

图 4 - 4 光刻辅助的化学腐蚀圆形陷阱结构 SEY 抑制研究[7]（附彩图）

（a）圆形陷阱结构的激光显微镜图像；

（b）圆形陷阱结构制备前后表面 SEY 随入射电子能量变化关系

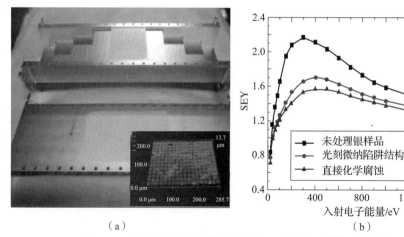

（a）   （b）

图 4 - 5 微波部件微纳陷阱结构表面 SEY 抑制研究[8]（附彩图）

（a）微波部件图像与陷阱结构形貌；（b）处理前后表面 SEY 随入射电子能量变化关系

针对微波部件大面积陷阱结构制造的问题，王丹等[9]采用激光刻蚀技术在镀金铝合金表面制备了特定形貌的几十微米大尺度微孔及刻蚀后获得的二级微纳结构。其研究结果表明，激光刻蚀获得的复合微孔阵列结构能够大幅抑制铝合金镀金表面 SEY，且抑制幅度与其孔隙率及深宽比呈正相关，如图 4 - 6 所示。受激光刻蚀工艺的限制，在刻蚀过程中同时获得两个不同尺度下的微纳结构，研究中无法单独针对其中的一项做出精确研究，因此无法获得每个单独的结构对 SEY 抑制的特性与规律。

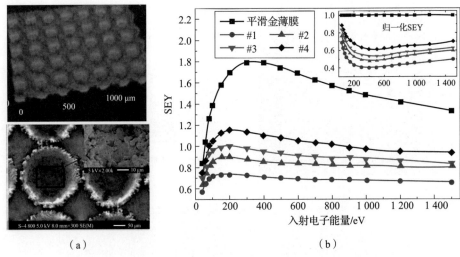

图 4-6　激光刻蚀微纳陷阱结构 SEY 抑制研究[9]（附彩图）

（a）激光刻蚀陷阱结构形貌；（b）表面 SEY 随入射电子能量变化关系

　　基于微纳陷阱结构的二次电子发射抑制相关研究大多是在微波部件基材表面开展的，为了降低表面处理成本和实现大面积表面处理的需求，刻蚀技术多采用化学腐蚀、传统精度的激光刻蚀等非精细化表面处理技术，在实现二次电子发射抑制的同时不可避免地引入多项不可控因素，如金属微波部件表面的粗糙度为几十纳米、几百纳米甚至微米，且粗糙度随机不可控，溶液化学刻蚀在制备陷阱结构的过程中可控性差，易造成氧化等劣化微波部件性能的结果，这为实验上精确研究微纳陷阱结构对二次电子发射的抑制效果带来了极大的挑战，增加了很多难以排除的干扰因素。

　　已有的部分研究结果[6-7]指出，粗糙表面能够有效抑制二次电子发射，进而提高微放电效应阈值。为了更精确地分析表面粗糙度和陷阱结构对二次电子发射特性的影响规律，实现精确可控的微放电阈值提升技术，研究中分别采用氩离子刻蚀制备非规则陷阱结构作为比照，采用紫外曝光＋反应离子干法刻蚀技术以及电子束曝光＋反应离子干法刻蚀技术制备规则陷阱结构，发展基于可控规则陷阱结构的二次电子发射抑制技术。

　　为了保证研究对象的可控性与均匀性，研究中选用高平整度单面抛光重掺杂硅和高定向热解石墨作为研究对象，相较于传统微波部件表面几十纳米、几百纳米的粗糙度，硅基片和高定向热解石墨的表面平整度极高，采用原子力显微镜研究结果显示其区域平均粗糙度约为 0.077 nm，如图 4 – 7 所示，远小于微波部件表面的粗糙度，同时小于电子的平均自由程，因此能够更加准确地研究随机粗糙度对二次电子发射特性的影响。

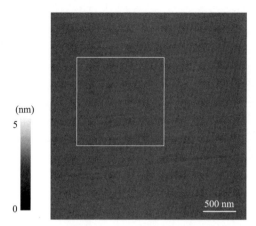

图 4 – 7　硅表面原子力显微镜图像和局域粗糙度分析

目前，人们发展了多种大面积人工制备随机陷阱结构技术，常见的有化学方法（如化学腐蚀）、物理方法（如惰性离子刻蚀），以及物理、化学过程兼具的反应活性离子刻蚀。研究中选用无氧化层的硅基片，采用浓度为 5% 的氢氧化钾（KOH）溶液为腐蚀液，在 50 ℃ 下将氧化硅/硅基片置于溶液中 20 ~ 40 s，然后迅速用去离子水多次清洗基片，去除 KOH 残余。硅基片在 KOH 溶液中浸润后，表层的硅被 KOH 溶液腐蚀。在不同的温度下，腐蚀速率不同，室温逐渐升高导致腐蚀速率增加，故更易获得较大的氧化硅表面粗糙度。由于 KOH 溶液与氧化硅和硅均可发生化学反应，且与氧化硅的反应速度更快，因此可认为在腐蚀前后硅片表面均无氧化层，从而排除氧化过程对研究准确性的干扰。因此，刻蚀前后硅表面的最大变化主要是由高度平滑的初始状态变成了粗糙度较大的表面，如图 4 – 8 所示。测试实验发现，局域粗糙度由大约 0.1 nm 变成 0.8 ~ 2.0 nm，通过实验能直接分析随机粗糙度对二次电子发射特性的影响。

重掺杂硅具有良好的导电特性，且无氧化层，能够避免发生电荷的集聚效应，因此其二次电子发射特性测试方法与常规金属二次电子发射特性测试方法一致。对于重掺杂硅表面的二次电子发射特性，通过实验比较了电流法与收集极法两种不同的测试方法。其中，收集极法的优势是可以更

图 4 - 8　氢氧化钾溶液化学腐蚀后的硅表面形貌

全面地收集所有二次电子，测试精度更高；电流法的优势是测试效率更高。通过大量对比发现，与收集极法相比，采用电流法获得的 SEY 的偏差在 5% 以内，甚至可达到 2%。因此，对 SEY 与特性的研究中主要选择效率更高的电流法。

对于高平整度的硅基片，实验测试获得其 SEY 最大值为 1.75 ± 0.05，对应的入射电子能量约为 200 eV，随着入射能量的变化，SEY 曲线光滑，重复多次测试或者长时间电子辐照下，测试结果稳定。同样的环境下，实验测试不同腐蚀条件下的 SEY，结果显示 SEY 均呈现不同程度的增大，且随着粗糙度的增加，SEY 呈正相关性增大，如图 4 - 9、图 4 - 10 所示。这是因为，化学腐蚀获得的随机粗糙硅表面陷阱结构深宽比小，电子入射到粗糙表面后，微纳结构形貌的存在使得电子入射角度由垂直入射变成有一定倾角的入射，内二次电子更容易从材料表面逃逸，增大了此部分二次电子出射的概率，而较小的深度无法较大限度地实现陷阱结构内的电子多次散射吸收。增大二次电子发射的效应大于抑制的效应，因此深宽比小的随机陷阱结构会增大 SEY。

微波部件典型金属材料表面容易吸附一层极薄的物理吸附层及化学氧化层，具有一定能量的离子轰击能够去除表面吸附层和氧化层[10-11]。针对金和铜等金属材料，先前研究人员采用不同的氩离子能量和清洗时间，模拟和测试了氩离子轰击前后表面的二次电子发射特性，如图 4 - 11 所

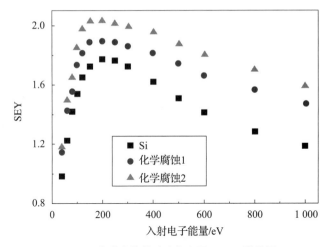

图 4 - 9   化学腐蚀前后硅片表面 SEY（附彩图）

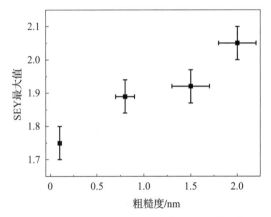

图 4 - 10   不同随机粗糙度硅表面 SEY 最大值

示。研究发现，金属表面在 keV 能量的离子轰击下，SEY 明显降低。keV
能量的离子在去除物理吸附、沾污和氧化层的同时，也可能在表面引入纳
米级的陷阱结构。金属表面极大的粗糙度使得观察离子轰击下的纳米孔极
其困难。为了更精确地分析纳米孔结构对 SEY 的影响，研究中选用高定
向热解石墨。其一，石墨具有极高的平整度，能够借助原子力显微镜、扫
描电子显微镜等表征系统直接观察其表面变化；其二，石墨具有极高的化
学和热学稳定性，不会因离子轰击的过程发生氧化；其三，石墨本身 SEY
较小，总发射系数仅为 1.3 左右，大幅小于微波部件典型金属和介质材料
的发射系数。

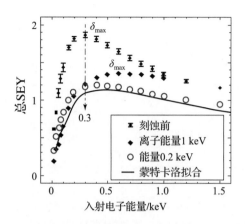

图 4 – 11　基于氩离子轰击的二次电子发射特性研究（附彩图）

　　为了更精确地研究规则陷阱结构对二次电子发射抑制的影响，采用光学曝光和反应离子干法刻蚀技术制备规则陷阱结构。

　　光学曝光技术最初主要用于集成电路的微纳加工，直到现在，光学曝光仍然是大规模集成电路生产的重要技术手段。光学曝光与照相的原理大致相似，不同的是照相中使用照相底片和感光层，光学曝光中使用硅片和光刻胶。光学曝光中有一个关键环节——掩模的设计与加工。掩模上有透光部分和不透光部分。光学曝光的过程就是图形转移的过程，即通过曝光将掩模上的图形转移到硅片和光刻胶上。把设计的掩模图形制作到硅片上需要经过一整套复杂的涂胶、曝光、显影刻蚀等工艺过程。

　　科学研究中常用的光学曝光是紫外曝光。紫外曝光有一个极重要的参数——分辨率，它受限于溶胀、邻近效应、光刻胶厚度等因素。在显影过程中，随着显影液溶剂渗入光刻胶，其体积膨胀，光刻胶上图形的特征尺寸就会发生改变。大多数负性胶都有这种膨胀现象。如果特征尺寸小于 3 μm，就会导致特征尺寸与指定尺寸相比有很大改变。因此，负性胶不适于这种特征尺寸。正性胶（低分子量）不发生这种膨胀，这是因为正性胶和负性胶显影中的溶解机制不同。正性胶和负性胶的分辨率都受邻近效应的影响。紫外曝光的具体过程大致可分为 10 个步骤：①硅片表面处理；②涂胶；③前烘；④曝光；⑤显影；⑥去残胶；⑦后烘；⑧图形转移；⑨去胶；⑩去残胶。

　　反应离子刻蚀（reactive ion etching，RIE）是一种集物理刻蚀与化学刻蚀于一体的干法刻蚀，是一种有效的图形转移手段。反应离子刻蚀系统的工作原理：当开启射频电源，气体稳定起辉后，由于电子的质量小、运动速度快，一部分电子被接地的仪器外壳导走，剩余正电离子处在腔体中，很快在腔体中形成一个自建电场；电离后的离子在电场的作用下被加速，具有一定能量的离子运动到样品上，对样品进行刻蚀。

　　反应离子刻蚀过程包括物理反应过程和化学反应过程。物理反应一般指物理轰击的效果；化学反应指电离离子（或活性基团）与刻蚀材料化学反应，生成挥发性物质。根据所需刻蚀的材料和光刻胶的刻蚀比，选用不同的气源。刻蚀氧化硅和硅时，一般选择三氟甲烷和四氯化碳。反应离子刻蚀的优势是刻蚀速度快、刻蚀比高，而且作为干法刻蚀的一种，其刻蚀过程对样品污染小。

　　采用紫外曝光结合反应离子刻蚀技术制备的圆形规则周期陷阱结构如图 4 - 12、图 4 - 13 所示。研究选用的基片为 P 型重掺杂硅片，其导电性良好，不会发生电荷累积而影响二次电子发射特性测量。受限于紫外曝光的精度，规则陷阱结构的周期为 10 μm，形状包含圆形和方形两种，陷阱

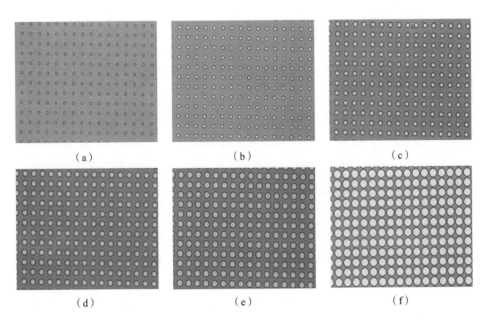

(a)　　　　　　　　　　(b)　　　　　　　　　　(c)

(d)　　　　　　　　　　(e)　　　　　　　　　　(f)

图 4 - 12　采用紫外曝光结合反应离子刻蚀技术制备的圆形规则周期陷阱结构

(a) 2 μm；(b) 3 μm；(c) 4 μm；(d) 5 μm；(e) 7 μm；(f) 8 μm

结构的尺寸分别为 2 μm、3 μm、4 μm、5 μm、7 μm、8 μm。不同于紫外光刻化学腐蚀技术，紫外光刻反应离子刻蚀技术的刻蚀过程高度可控，对非曝光区域不会有任何改变，因此获得的是只有较大尺度微米孔的规则周期陷阱结构。

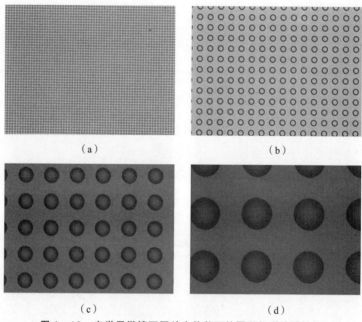

图 4 – 13　光学显微镜不同放大倍数下的圆形规则陷阱结构

(a) 100 倍；(b) 200 倍；(c) 500 倍；(d) 1 000 倍

　　在实验中，通过光刻技术制备一系列同一周期不同陷阱结构尺寸的规则陷阱结构，用于研究不同孔隙率对 SEY 抑制的影响。另外，考虑到微波部件的趋肤深度和插入损耗，实验中通过控制反应离子刻蚀技术，研究了两种不同深度的陷阱结构，分别是 300 nm 和 500 nm。图 4 – 14 对应的样品陷阱结构周期为 10 μm，陷阱结构尺寸分别为 2 μm、3 μm、4 μm、5 μm、7 μm 和 8 μm。图 4 – 15 中 1~6 号样品分别对应陷阱结构尺寸 2 μm、3 μm、4 μm、5 μm、7 μm 和 8 μm，样品的陷阱结构深度均为 500 nm。由图 4 – 15 可见，相较于刻蚀处理前，无论是圆形还是方形周期性陷阱结构，表面 SEY 都有了不同程度的增大。这是因为，陷阱结构的深宽比小，并不能对入射电子形成碰撞吸收，反而由于陷阱结构增加了出射表面，电子更容易逃逸至表面。对于导电性能好的材料体系，在深宽比较小的情况下，孔隙率越高，表面 SEY 增大幅度就越大。因此，随着工作频率的提高，表面形貌对其插入损耗的影响增大，不宜采用深度过大的陷阱结构，如果采用表面处理技术制备陷阱结构抑制微放电效应，那么制备纳米陷阱结构更加适用。

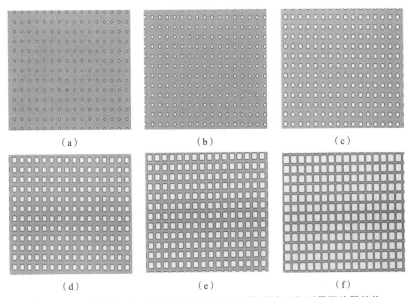

（a）　　　　　　　　　（b）　　　　　　　　　（c）

（d）　　　　　　　　　（e）　　　　　　　　　（f）

图 4-14　紫外曝光结合反应离子刻蚀技术制备的方形规则周期陷阱结构

（a）2 μm；（b）3 μm；（c）4 μm；

（d）5 μm；（e）7 μm；（f）8 μm

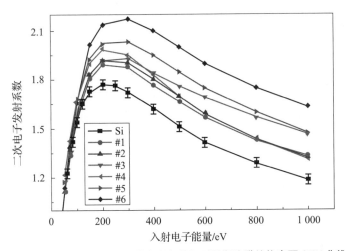

图 4-15　紫外曝光结合反应离子刻蚀技术制备的规则周期陷阱结构表面 SEY 曲线（附彩图）

　　在陷阱结构深度受限的情况下，为了提高深宽比，就需要采用制备横向尺寸更小的曝光技术。相较于紫外曝光，电子束曝光是利用电子束抗蚀剂（一般为高分子聚合物，如聚甲基丙烯酸甲酯（polymethyl methacrylate，PMMA））对电子束比较敏感而进行图案直写的一种技术。在实际的操作过程中，电子束选择性地在旋涂有抗蚀剂的样品表面曝光，曝光区域的胶因为吸收电子束的能量而发生长链断裂，经过显影定影后就可以形成加工的图案。其中，图形分辨率以及曝光图形的对准程度是加工器件最关心的两方面，尤其是做小结构的精细加工时。在曝光参数不变的情况下，对电子束像散和写场的调节决定图形的分辨率，其中难度较大的是对像散的调节。在电子束曝光中，通常采用在片子边缘点银胶颗粒的方法调节像散。当单个胶颗粒在扫描电子显微镜下呈圆形，并且图像没有放大或扭曲时，就说明系统的像散已调节得基本没问题；接着，就可以直接调节写场。

　　显影定影过程：首先是显影，将曝光图案成型固定，置于甲基异丁基酮（methyl isobutyl ketone，MIBK）：异丙醇（iso-propyl alcohol，IPA）=1：3的溶液中50 s左右；接着是定影，置于IPA中约45 s。有时在定影后可以将基片放在等离子体增强化学气相沉积系统中用低温氢等离子体处理，以去除残胶。其工艺流程主要包括8个步骤：

　　第1步，烘烤基片。在150 ℃的热板上烘烤30 min，除去基片上的水。

　　第2步，旋涂抗蚀剂。

　　第3步，烘烤抗蚀剂。烘烤条件：180 ℃，30 min。

　　第4步，曝光。若电子束加速电压为10 kV，则PMMA 495所需的面曝光剂量为120 μC/cm²，PMMA 950所需的面曝光剂量为180 μC/cm²。若曝光图案线宽小于200 nm，则应适当增加曝光剂量。若提高加速电压，则曝光剂量也应相应增加。

　　第5步，显影。显影液配比为MIBK：IPA=1：3。时间：50 s左右。

　　第6步，定影。定影液为异丙醇（IPA）。时间：45 s左右。

　　第7步，图形转移。刻蚀或沉积。

　　第8步，去胶。首先用丙酮加热去胶，然后用氢气或氧气的等离子体刻蚀。

　　电子束曝光制备的规则周期陷阱结构光学显微镜图像如图4-16所

示。相较于平滑硅表面，电子束曝光结合反应离子刻蚀技术制备的规则周期陷阱结构实现了一定幅度的二次电子发射抑制。如图 4 - 17 所示，1 号样品为平滑硅表面；2 号和 3 号样品的陷阱周期均为 3 μm，陷阱尺寸分别为 1 μm 和 1.5 μm，陷阱深度均为 0.4 μm；4 号样品的陷阱周期为 500 nm，横向尺寸为 200 nm，陷阱深度为 100 nm。相比之下，4 号样品 SEY 抑制幅度达 30%，抑制效果最好，这是因为其深宽比大，能有效地吸收入射电子，减少电子出射的比率。但是，电子束曝光设备昂贵，曝光效率低，大面积样品（或部件）加工的成本极高，只适用于小范围刻蚀加工。

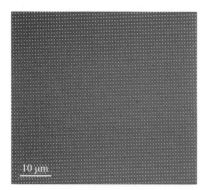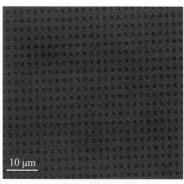

图 4 - 16　电子束曝光制备的规则周期陷阱结构光学显微镜图像

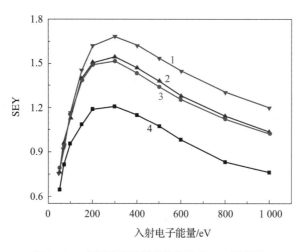

图 4 - 17　规则周期陷阱结构表面 SEY（附彩图）

|4.3 基于表面低 SEY 材料镀膜的抑制技术研究|

表面低 SEY 材料镀膜实现微放电效应抑制，提高大功率微波部件功率阈值，是又一重要的技术途径。中国空间技术研究院西安分院试验研究了不同配方铬酸盐转化膜工艺对铝合金微波部件的电性能和微放电性能的影响情况，优选出了合适的铬酸盐转化膜工艺方法，如图 4 - 18 所示[12]。

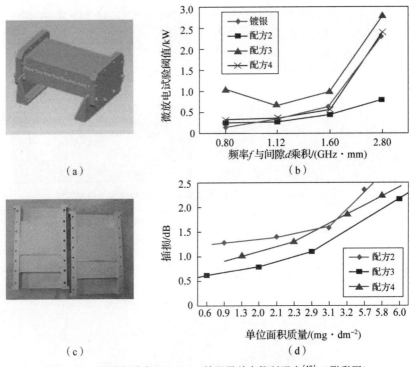

（a）

（b）

（c）

（d）

图 4 - 18 微波部件表面 Alodine 镀层微放电抑制研究[12]（附彩图）

（a）波导变换段；（b）试验件微放电阈值；

（c）试验件微放电后；（d）不同配方厚度镀膜的插损

氮化钛具有一系列优良的特性，因此成为一种重要的功能涂层材料，如在微电子技术领域用作防扩散阻挡层、在航天科技领域用作防腐层和生命医药材料。此外，由于其具有抗氧化性、耐腐蚀性及较低的 SEY，氮化钛在射频器件领域被用作低 SEY 涂层材料。研究人员选择在氮气环境中蒸发钛，以沉积厚度可薄至 10 nm 的氮化钛和氧化钛镀层，以期实现表面 SEY 的减小。在沉积过程中，对圆柱形和同轴射频耦合器窗口阵列上涂覆了氮化钛和氧化钛混合镀层，实现了 SEY 的降低[13]。国内研究机构采用蒸发溅射的方式实现了微波部件基材和简单部件表面的氮化钛镀膜，SEY 减小至 1.5 ~ 1.6，由于蒸发和溅射的方式有较强的镀膜取向性，因此难以实现曲面、内表面等复杂表面结构的氮化钛镀膜。

Pinto 等[14]和 Vallgren 等[15]发展了基于碳材料镀层的二次电子发射抑制研究，SEY 实现了极大幅度的抑制，但是非晶碳、无定形碳导电性差，且碳膜的镀覆方式结合力较低，容易脱落。

Rosanna 等[16]研究了薄非晶碳层热石墨化过程中碳材料中原子杂化与 SEY 的关系，如图 4 - 19 所示。研究采用磁控溅射在铜基片上沉积非晶碳，研究结果发现厚度为几十纳米的碳层能够改变清洁铜表面的二次发射特性，使铜表面的最大 SEY 从 1.4 降低到 1.2。在实验中观察到 sp^3 杂化逐渐转化为六重芳香结构，电子结构逐渐向 sp^2 费米能级的电子结构转化。

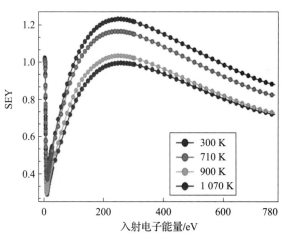

图 4 - 19　非晶碳层石墨化后的二次电子发射抑制研究（附彩图）

重庆大学研究团队采用物理化学气相沉积平台在铝表面溅射沉积氟碳覆层[17]，通过改变溅射时间和温度有效地调控覆层厚度、粗糙度和元素含量，并分析其 SEY，以聚四氟乙烯（PTFE）为靶材，结果如图 4 - 20 所示。此外，采用拉曼光谱仪对覆层微结构进行了研究，结果表明：随着溅射温度升高，覆层中 sp² 杂化碳含量逐渐增加。一方面，从分子动力学的角度分析，升高溅射温度有利于延长粒子平均自由程，减少粒子之间的碰撞，从而降低气体分子的离化率；另一方面，由于 PTFE 靶中的碳均以 sp³ 杂化形式构成，高温溅射导致的低离化率和高沉积速率有利于 sp³ 杂化碳含量的提高。

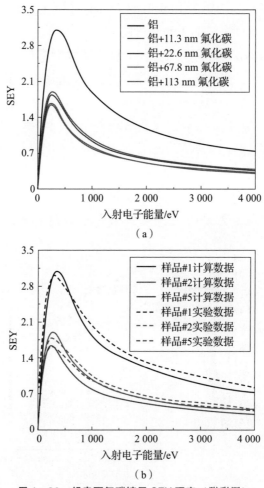

图 4 – 20　铝表面氟碳镀层 SEY 研究（附彩图）

（a）不同表面 SEY 随入射电子能量变化关系；（b）计算结果与试验对比

铝表面沉积不同厚度氟碳覆层后，SEY 变化的研究结果表明：与金属铝的最大 SEY 相比，沉积 11.3 nm 覆层即可将样品的 SEY 最大值有效降低至 1.85；覆层厚度进一步增加，SEY 最大值下降的趋势逐渐减弱，当覆层厚度达到 113 nm 时，SEY 最大值达到最小值。此外，增加覆层厚度也有利于第一能量点 E_1 的增加，相较金属铝的 E_1（18 eV），覆层厚度从 11.3 nm 增加到 113 nm，样品的 E_1 从 28 eV 增加到 43 eV，SEY 最大值减小和 E_1 增加均有利于抑制空间微放电的发生。覆层可有效降低 SEY 的原因在于其捕获电荷的能力，且 C—C 和 C—F 键长度均小于 Al—Al 的键长，即既能够抑制初始入射电子进入材料内部又可以减少内二次电子从材料表面出射。

石墨是自然界中存在的最软的物质之一，在自然界中储量极高，具有良好的导电特性（比常规非金属矿高 100 倍），导热特性可超过金属铁、铅等材料，化学性质稳定，耐酸碱腐蚀特性优良，被应用于耐火材料、导热材料、润滑材料和导电材料等方面。

相对于金属，石墨材料洁净表面原子力显微镜图像（图 4 - 21）平整度高，具有较低的 SEY。石墨的第一能量点 E_1 为 65 V，高于金属材料的 E_1 值；石墨材料的 SEY 的最大值为 1.31，小于金、银、铜、铝等材料，如图 4 - 22 所示。环境稳定性实验采用在氮气和大气环境下放置 1 年，如图 4 - 23 所示。

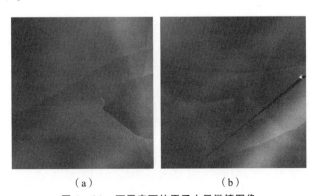

（a）　　　　　　　　　　（b）

图 4 - 21　石墨表面的原子力显微镜图像

（a）高定向热解石墨；（b）高质量天然石墨

测试结果发现：在氮气环境下，SEY 稳定度高，和新解理表面的变化小于 2%，在测试误差范围内；大气环境下放置的样品，SEY 有一定幅度的变化（增大 4%~5%），这是由于空气中的水汽物理吸附到样品表面（或者部分与表面悬键相结合），含氧官能团的存在增大了表面 SEY。将样品在 200 ℃下真空退火 30 min，表面 SEY 减小至新解理样品的 SEY 大

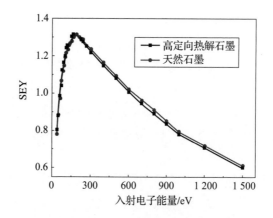

图 4-22　石墨表面 SEY 随入射电子能量的变化关系（附彩图）

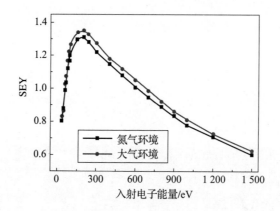

图 4-23　在大气及氮气环境长时间放置下的 SEY 变化（附彩图）

小。环境稳定性实验说明，石墨表面 SEY 具有良好的环境稳定性，不易被沾污。除了入射电子能量范围处于 $100 \sim 600\,eV$，其余入射能量段对应的 SEY 均小于 1.0，这是实现全能量范围二次电子发射抑制提供的有利因素。

采用物理溅射的方法，在铝表面溅射沉积石墨材料，通过改变溅射时间和温度有效地调控覆层厚度，并分析其 SEY。分析结果显示，随着溅射过程的持续，镀膜厚度增加，SEY 逐渐由初始的 2.1 ± 0.2 减小至 1.2 左右，但是镀膜结合力较弱。超声实验测试发现，石墨薄膜经过超声后易脱落。较弱的结合力极大地限制了溅射石墨材料在抑制二次电子发射和空间大功率微波技术领域的应用。

|4.4 基于表面复合处理的抑制技术研究|

人工制备表面陷阱结构和低 SEY 表面镀层均可实现航天器载荷大功率金属微波部件微放电效应抑制。为了满足航天工程高可靠性、高稳定性等多约束条件的要求，并进一步增大二次电子发射抑制幅度和提高微放电功率阈值，在研究中将这两种表面处理方式相结合，发展基于表面复合处理的抑制技术。

Nistor 等[18]通过复合表面处理技术，对标准镀银层进行两步法表面修饰改性——湿化学蚀刻高深宽比陷阱结构和磁控溅射镀金（图 4 - 24），在 Ku 波段滤波器实现了 4 ~ 6 dB 的功率阈值提升，其插入损耗低于常规阿洛丁镀膜的插入损耗。

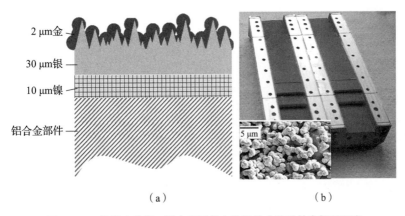

（a）　　　　　　　　　　　　（b）

图 4 - 24　化学腐蚀银 + 镀金表面复合处理技术的微放电抑制研究

（a）化学腐蚀银 + 镀金表面处理示意图；（b）处理后部件及表面形貌图像

微波部件常规金属中金的表面 SEY 相对较小，化学惰性强，导电特性优异，是一种比较好的可用于微放电阈值提升的材料，进一步结合金纳米结构有助于实现微放电阈值的大幅提升。国内研究人员采用低气压蒸发工艺制备了金纳米结构，研究了金纳米结构的二次电子发射特性及其对表面形貌的依赖规律，表征了金纳米结构表面出射二次电子能量分布[19]，如图 4 – 25 所示。实验结果表明，蒸发气压升高时，金纳米结构孔隙率增大，表面电子出射产额降低；SEY 表明，金纳米结构仅对低能真二次电子有明显的抑制作用，对背散射电子的作用效果则依赖于表面形貌。

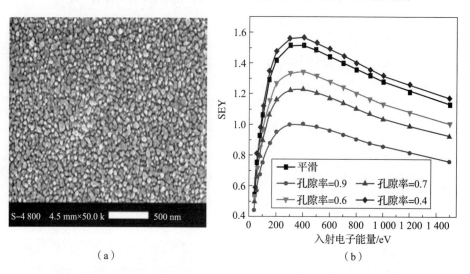

（a）　　　　　　　　　　（b）

图 4 – 25　基于金纳米结构复合处理技术的二次电子发射抑制研究（附彩图）
（a）金纳米结构扫描电子显微镜图像；（b）表面 SEY 随入射电子能量变化关系

基于石墨较低的 SEY、良好的电导率和易加工的特性，本课题组研究了石墨纳米结构对 SEY 的抑制特性。在反应离子刻蚀系统中，采用高能量氮离子轰击石墨/铝表面，高能离子对石墨具有极强的刻蚀效果，形成了一个个横向尺寸和深度为数纳米至数十纳米的纳米孔结构。研究显示，表面总 SEY 降低至 0.65 以下，相较于金属铝表面极大地降低了表面SEY。

4.5　本章小结

研究人员已经发展了基于人工制备表面陷阱结构和低 SEY 表面镀层的二次电子发射抑制技术，实现了较大幅度的抑制效果，但是大部分表面处理技术距离实现航天工程应用仍存在很多关键问题待解决，如抑制幅度较小、插损增幅较大、环境稳定性不高、镀膜结合力有待增强等。因此，持续发展多约束条件下适用于航天重大工程的微放电抑制表面处理技术仍有重要的科学研究和工程应用价值。

参 考 文 献

［1］ LI Y, CUI W Z, ZHANG N, et al. Three – dimensional simulation method of multipactor in microwave components for high – power space application ［J］. Chinese Physics B, 2014, 23（4）：048402.

［2］ LI Y, CUI W Z, WANG H G, Simulation investigation of multipactor in metal components for space application with an improved secondary emission model ［J］. Physics of Plasmas, 2015, 22：053108.

［3］ KAWATA J, OHYA K. Monte Carlo approach to secondary electron emission from rough surfaces of beryllium ［J］. Journal of Plasma and Fusion Research, 1994, 70：84 – 92.

［4］ KAWATA J, OHYA K, NISHIMURA K. Simulation of secondary electron emission from rough surfaces ［J］. Journal of Nuclear Materials, 1995 （220/221/222）：997 – 1000.

［5］ VALIZADEH R, MALYSHEV O B, WANG S H, et al. Low secondary electron yield engineered surface for electron cloud mitigation ［J］. Applied Physics Letters, 2014, 105：231605.

［6］ CAO M, ZHANG N, HU T C, et al. Secondary electron emission from rough metal surfaces：a multi – generation model ［J］. Journal of Physics D：Applied Physics, 2015, 48（5）：055501.

［7］ 叶鸣, 贺永宁, 王瑞, 等. 基于微陷阱结构的金属二次电子发射系数抑制研究 ［J］. 物理学报, 2014, 63（14）：147901.

［8］ CUI W Z, LI Y, YANG J, et al. An efficient multipaction suppression method in microwave components for space application ［J］. Chinese Physics B, 2016, 25（6）：068401.

［9］ 王丹, 叶鸣, 冯鹏, 等. 激光刻蚀对镀金表面二次电子发射的有效抑制 ［J］. 物理学报, 2019, 68（6）：067901.

［10］ZHANG H B, HU X C, WANG R, et al. Measuring effects of Ar – ion cleaning on the secondary electron yield of copper due to electron impact ［J］. The Review of Scientific Instruments, 2010, 83（6）: 066105.

［11］YANG J, CUI W Z, LI Y, et al. Investigation of argon ion sputtering on the secondary electron emission from gold samples ［J］. Applied Surface Science, 2016, 382: 88 – 92.

［12］黄光孙, 田普科, 关跃强, 等. 微波部件抑制微放电效应表面处理工艺研究: 铬酸盐转化膜工艺研究 ［J］. 空间电子技术, 2014, 1: 97 – 101.

［13］LORKIEWICZ J, KULA J, PSZONA S, et al. Sublimation TiN coating of RF power components ［J］. AIP Conference Proceedings, 2008, 993（1）: 411.

［14］PINTO P, CALATRONI S, NEUPERT H, et al. Carbon coatings with low secondary electron yield ［J］. Vacuum, 2013, 98: 29 – 36.

［15］VALLGREN C, HENRIST B, TABORELLI M, et al. Amorphous carbon coatings for the mitigation of electron cloud in the CERN Super Proton Synchrotron ［J］. Physical Review Special Topics Accelerators and Beams, 2011, 14（7）: 071001.

［16］ROSANNA L, DAVIDE R, ANTONIO D, et al. Evolution of the secondary electron emission during the graphitization of thin C films ［J］. Applied Surface Science, 2015, 328: 356 – 360.

［17］ZHAO Q, WANG F P, WANG K Z, et al. Effect of sputtering temperature on fluorocarbon films surface nanostructure and fluorine carbon ratio ［J］. Nanomaterials, 2019, 9: 848.

［18］NISTOR V, GONZÁLEZ L A, AGUILERA L, et al. Multipactor suppression by micro – structured gold/silver coatings for space applications ［J］. Applied Surface Science, 2014, 315: 445 – 453.

［19］王丹, 贺永宁, 叶鸣, 等. 金纳米结构表面二次电子发射特性 ［J］. 物理学报, 2018, 67（8）: 087902.

第 5 章

石墨烯在星载大功率微波器件微放电抑制中的应用研究

| 5.1　概　　述 |

石墨烯是由碳原子经 sp^2 杂化形成的六角蜂窝状原胞形成的单原子层晶体，是人类科学史中发现的第一种真正意义上的单原子层二维材料。2004 年，曼彻斯特大学的盖姆教授和诺沃肖罗夫教授首次通过胶带机械剥离的方法，制备并观察到单层石墨烯样品[1-2]。自此，石墨烯在短短十余年间已经成为物理学、材料、生物、化学、纳米科学等领域研究中备受瞩目的"明星材料"，引起了全世界范围的研究热潮，以期利用石墨烯的优异特性开展基础及新技术应用研究。盖姆和诺沃肖罗夫也因在石墨烯领域内做出的突出贡献获得 2010 年诺贝尔物理学奖，这也显示了科学界对石墨烯基础研究价值和应用前景的肯定。随着研究的深入，更多种二维材料被制备和发现，但也无法遮掩石墨烯这一璀璨的明星。

石墨烯作为理想的单原子层二维碳纳米材料，是零维富勒烯、一维碳纳米管、三维石墨等碳同素异形体材料的基础，能够通过不同的方式构建其他几种同素异形体：将石墨烯弯曲成球状或者椭球状结构就形成零维的富勒烯，将单层石墨烯或者多层石墨烯卷曲成管状结构就形成一维的单壁（或多壁）碳纳米管，也可层层堆积形成三维的石墨。

从元素组成和成键方式上，石墨烯是由排列成正六边形蜂窝状的单层碳原子以 sp^2 杂化方式形成的二维晶体。组成石墨烯的每个碳原子外层有 4 个电子，这 4 个价电子包括 2 个 2s 电子和 2 个 2p 电子，其中 1 个 2s 电子和 2 个 2p（p_x 和 p_y）电子以 sp^2 方式杂化生成 σ 键，相邻 σ 键之间的夹角为 120°，位于石墨烯平面内，剩余的电子在垂直石墨烯平面形成 π 键。石墨烯面内碳原子间以共价键的形式结合，最近邻的两个碳原子间的距离 $a = 0.142$ nm，原子间共价键作用力很强。极强的 σ 键使得石墨烯在室温下能够克服热力学涨落，稳定存在。不过，由于热涨落的存在，单层石墨烯不是一个完美的理想二维平面，而是有一定起伏的山丘状拓扑结构。同时，不同石墨烯层间以比较弱的范德瓦耳斯力结合，相邻层间的距离 $d = 0.335$ nm，范德瓦耳斯力远远小于共价键，这导致石墨和少层石墨烯层间容易剥离，而完美的面内结构具有极其优异的力学特性。

石墨烯具有极其特殊的电子能带结构，这赋予石墨烯丰富而新奇的物理现象与热学、电学等特性。自石墨烯发现以来，有关二维材料石墨烯的一系列新奇物性就相继被报道，如超高电子迁移率及弹道输运、反常量子霍尔效应、非零最小量子电导率、安德森弱局域化、Klein 隧穿等，这些新奇的物性无一不与其元素组成、成键和晶体结构紧密相关。

相关研究结果[2]显示，石墨烯具有双极性电场效应，通过电场调控实现空穴和电子作为晶体管主要载流子，其载流子浓度可高达 $10^{13}/cm^2$，室温下电子迁移率 μ 可以高达 2×10^4 $cm^2/(V \cdot s)$。此外，载流子迁移率 μ 在室温下受到较为强烈的杂质和晶格散射的限制，实验中观察到的迁移率 μ 一定程度上受限于温度 T，随着温度的降低，迁移率得到显著提高，研究显示石墨烯在低温下迁移率可达 10^6 $cm^2/(V \cdot s)$，远远超出当前半导体核心材料硅的载流子迁移率。

二维单层石墨烯动量空间中，布里渊区 K 点处的能量与动量呈线性关系，其载流子的有效质量为 0，这种独特的线性能带结构使得石墨烯具有独特的光学特性。由于狄拉克电子的线性分布，单层石墨烯对可见光到太赫兹宽波段光的吸收率约为 2.3%，单层石墨烯允许 97.7% 的光透过；而且，在层数较少的情况下，光吸收率与石墨烯层数近似成正比，因此可以通过多层石墨烯的层数来控制可见光到太赫兹频段电磁波的透过率。相较于其他半导体材料（如常见的砷化镓（GaAs）材料），10 nm 厚的 GaAs 对近带隙的光子吸收仅有 1%，石墨烯的吸收效率要比其高近百倍，能极大地提升单位尺度下的光吸收效率，非常有利于研制新型微纳光学器件新技术。更为重要的是，常规半导体材料的吸收波长取决于能带间隙，也就是材料的禁带宽度，常用的化合物半导体（如 GaAs、AlGaAs、InGaAs 等）的吸收带一般被限制在可见光和近红外波段。但是，由于石墨烯导带和价带相交的零带隙独特结构，理论上石墨烯对任何波长都有吸收作用，是未来超宽频段（甚至全波段）微纳光器件的潜在应用材料。

石墨烯因其独特的电学性能、力学性能、热性能、光学性能和高比表面积的特点，应用前景广阔，被有些研究人员称为 21 世纪的黑金材料和"未来材料之王"，当下国际石墨烯研究领域众多，将其主要应用研究领域作一划分，可分为四大领域。

（1）晶体管器件和光电器件领域。晶体管器件领域主要利用石墨烯极高的电子迁移率和优良的热导率，目前限制其应用的关键问题是石墨烯本身是零带隙的二维材料，因此发展具有带隙的高质量石墨烯是晶体管器件领域的核心关键。优异的光学特性及可应用于柔性器件的特性，使得石墨烯在太阳能电池、晶体管、电脑芯片、触摸屏、电子纸等领域具有重要的应用价值。[3-5]

（2）储能领域。石墨烯具有极高的电子迁移率和比表面积，可用于制造超级电容器、超级锂电池，以提高储能密度和充放电速度等。

（3）材料领域。石墨烯具有良好的化学、热学惰性和导电特性，可用于制造新型防腐、导电、隔热涂料以及散热薄膜材料。

（4）生物医药领域。石墨烯具有良好的生物兼容性，可用于发展药物载体、生物疾病诊断、生物信息监测等新技术。

石墨烯器件具有电子迁移率高、导电性好、器件尺寸小等优势，有望突破金属氧化物半导体器件发展的技术瓶颈，在新型纳米电子器件等研究领域得到市场化应用。

要实现石墨烯在工业领域的大规模应用，首先应解决高质量石墨烯的可控、低成本与批量生长制备问题。经过几年的探索研究，研究人员先后发展了多种生长制备石墨烯的方法[2,6-8]，主要包括机械剥离法、氧化石墨烯还原法、直接液相剥离法、过渡金属单晶表面的外延生长法、SiC 的高温退火外延法、热化学气相沉积法和等离子体增强化学气相沉积法。不同的石墨烯制备技术有其独特的技术优势，但在未来石墨烯产业中仍有亟需突破的关键核心技术。

|5.2　石墨烯的二次电子发射特性研究|

石墨表面 SEY 最大值为 1.25 ~ 1.30，小于微波部件常规金属金、银、铜等材料（图 5 - 1），这对于发展基于石墨烯的二次电子发射抑制技术具有重要意义。二次电子能量谱是表征材料表面所出射二次电子能量分布的能量谱，是另一种衡量样品表面二次电子发射水平的物理量，并且有助于更深层次地理解二次电子的发射过程。研究中使用俄歇电子能谱仪对所有样品出射电子的能量分布进行统计，所选取的初始电子能量为 300 eV。通常研究中认为，能量低于 50 eV 的电子为真二次电子产额（true secondary electron yield，TSEY），能量高于 50 eV 的电子为背散射电子产额（backscattered secondary electron yield，BSEY）。基于此，能量谱分布中的

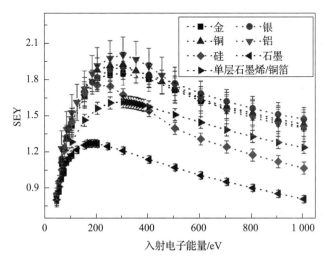

图 5 - 1　不同材料表面，SEY 随入射电子能量的变化关系（附彩图）

两个尖峰分别为左边的真二次电子峰和右边的背散射电子峰，如图 5 - 2 所示。通过对能量谱的积分，研究中得到样品在某特定初始电子能量下的 TSEY 和 BSEY，即对能量谱的 0 ~ 50 eV 区域进行积分得到 TSEY，对高于 50 eV 的能量区域进行积分得到 BSEY。

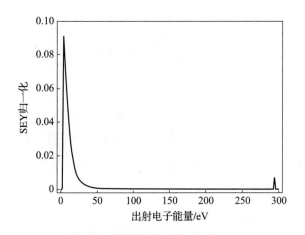

图 5 - 2　石墨表面出射电子能量分布

　　通过对图 5 - 2 所示的强度谱线积分，获得了石墨表面初始电子能量下样品的 TSEY 和 BSEY。对于石墨表面，对应于 300 eV 入射能量的总 SEY 约为 1. 25，对能谱积分可以得到其背散射二次电子比率约为 10. 5%，计算得到在入射电子能量为 300 eV 下，背散射 SEY 约为 0. 13，真 SEY 约为 1. 12。背散射 SEY 主要取决于元素序数，假定单位体积内的原子数目相当，则元素序数越大，原子实体积越大，对入射电子的散射截面也越大，因此元素序数大的材料背散射 SEY 大。对于金属铜和单晶硅表面（图 5 - 3、图 5 - 4），背散射二次电子分别占总二次电子的 15. 5% 和 12. 2%，300 eV 对应的金属铜和硅表面的 SEY 约为 1. 87 和 1. 68，计算可得背散射 SEY 分别为 0. 29 和 0. 21，真 SEY 分别为 1. 58 和 1. 47。相比而言，无论是真 SEY 还是背散射 SEY，石墨均小于金属铜、硅等材料，这对于发展基于石墨烯等相关碳材料的微放电效应抑制技术具有重要意义[9 - 13]。

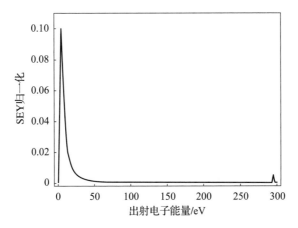

图 5 - 3　铜表面出射电子能量分布

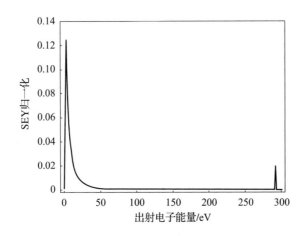

图 5 - 4　单晶硅表面出射电子能量分布

　　牛津大学研究人员采用悬浮石墨烯[12]，研究了单层石墨烯的 SEY，如表 5 - 1 所示。研究结果显示，单层石墨烯的 SEY 极小，仅在 0.1 左右，是当时有报道以来 SEY 最小的材料。这主要是因为石墨烯作为一种碳材料的同素异形体，相较于常规金属和半导体材料其 SEY 小，更重要的原因是单层石墨烯极薄，仅为 0.34 nm，电子很容易从单层石墨烯中穿透，因此激发的内二次电子有限。这两方面因素共同作用，导致最终逸出到真空中的二次电子极少。研究结果显示，单层石墨烯的 SEY 极小。

表 5 - 1　单层石墨烯的 SEY

样品编号	SEY	扫描电子显微镜图像对比度	是否接地	特征峰强比 I_D/I_G
#1	0.14 ± 0.01	2.3 ± 0.3	是	1.66
	0.007 ± 0.003	1.6 ± 0.3	否	
#2	0.08 ± 0.02	3.4 ± 0.4	是	0.85
	0.02 ± 0.007	3.0 ± 0.4	否	
#3	0.093 ± 0.006	3.5 ± 0.6	是	0.72
	0.022 ± 0.006	2.9 ± 0.6	否	
#4	0.1 ± 0.01	1.9 ± 0.3	是	1.66
	- 0.144 ± 0.009	1.2 ± 0.1	否	

　　大面积单层石墨烯无法离开载体单独用于研究和应用体系中，为了更好地研究单层石墨烯及其复合体系的二次电子发射特性，研究中采用热化学气相沉积（chemical vapor deposition，CVD）的方法在铜箔表面制备单层石墨烯，拉曼光谱分析显示 CVD 方法制备的石墨烯具有较高的品质。不同的表面状态对二次电子发射特性具有较大的影响，为了精确分析单层石墨烯对 SEY 的改变，实验中选择铜箔表面单层石墨烯样品及刻蚀去除石墨烯后的同一样品做对比，如图 5 - 5 所示。单层石墨烯沉积后，铜箔表面的 SEY 最大值为 1.6 左右。采用氢等离子体刻蚀技术，在 450℃刻蚀样品，选取较高的刻蚀功率，2 h 左右可以完全去除铜箔表面的石墨烯，且不会引入其他变量因素。将刻蚀后的样品采用拉曼光谱表征，未发现石墨烯的特征峰谱线。此时，铜箔表面的 SEY 为 1.85 左右，与 CVD 石墨烯薄膜前基本一致。

　　微波部件金属铜等材料与热 CVD 生长石墨烯铜箔不同，无法直接沉积高质量单层或多层石墨烯，因此需要发展其他的微波部件表面石墨烯镀膜技术。

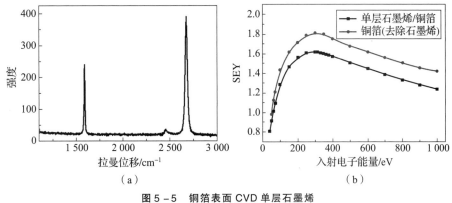

图 5 – 5　铜箔表面 CVD 单层石墨烯

（a）拉曼光谱；（b）石墨烯沉积前后的 SEY

|5.3　微波部件表面石墨烯镀膜技术研究|

微波部件表面镀膜是实现基于石墨烯的微放电效应抑制的关键和前提。研究中采用远程等离子体增强化学气相沉积（plasma enhanced chemical vapor deposition，PECVD），在相对较低的温度下（520～600 ℃）无催化生长石墨烯薄膜，反应炉为三段控温电阻炉，基片在中间段温区。平台相应地配置了纯度为 99.999% 的甲烷（CH_4）、氢气（H_2）、氩气（Ar）、氧气（O_2）、氮气（N_2）等气路，气体流量和管式炉内引入的气体压强和种类均可通过质量流量计和气阀进行控制。等离子体的强度、炉温均可通过不同的控制单元进行操作。实验上选择铜、金、银金属基片和氧化硅、氧化铝基片为石墨烯沉积镀膜基片。

这种方法生长石墨烯的原理：在等离子增强化学气相淀积（PECVD）系统通入碳源气体甲烷，将气体和基片加热，利用电感耦合装置产生微波，将甲烷激发到等离子态产生含碳基团 CH_x（$x = 1, 2, 3$），在生长温度下含 C 基团吸附到基片并在表面扩散。当两个含碳基团相遇时，会各自脱去一个氢原子，结合成氢气被抽除，含碳基团以 sp^2 C—C 成键，完成石墨烯的形核；当含碳基团与形核的石墨烯相遇时，形核石墨烯长大，完成石墨烯晶粒的生长。实验中可以调节的参数有：气体流量和气压、系统气体漏率、基片温度、等离子体功率和生长时间。

石墨烯生长过程中的关键因素之一是氧化硅的质量。对于不同的氧化硅表面平整度，经过远程等离子体增强化学气相沉积反应获得的石墨烯薄膜有较大的差异，实验中选用的是重掺杂 P 型单晶硅，表面局域粗糙度为 0.15～0.20 nm。石墨烯晶粒大小并不完全一致，这是因为在整个生长过程中，一直有新的石墨烯形核，也一直有已经形核的纳米石墨烯长大。这些石墨烯的厚度是均匀一致的，都在 1.2 nm 左右。随着生长时间的延长，已经生成的纳米石墨烯继续长大，同时伴随新的纳米石墨烯形核，最终所有石墨烯会相互连接在一起，形成连续的、由多晶石墨烯相互接合而成的薄膜。继续延长生长时间，会继续有纳米石墨烯形核、长大，以至于相互接合。这会使石墨烯薄膜变厚，也会使石墨烯之间结合得更紧密，从而使整个薄膜的电阻率降低。

金属及硅等材料基片表面沉积纳米石墨烯薄膜，主要过程为：样片超声清洗，氮气吹干；装入系统，抽真空；升温，氮气退火；升温，通入甲烷；打开等离子体，开始石墨烯生长；降温，关闭系统后取出样片保存。具体方法包括以下步骤：

第 1 步，将基片先后用丙酮和酒精超声清洗，去除基片表面吸附。

第 2 步，将基片置于远程等离子体增强化学气相沉积系统中，抽真空并一直保持真空机械泵正常工作。

第 3 步，通入氩气并升温，退火基片。

第 4 步，通入甲烷气体，调节气压，升温至 520～600 ℃。

第 5 步，打开等离子体，将甲烷激发到等离子态，在高温下甲烷中的 C 沉积到基片上，以 sp^2 杂化的方式 C—C 键自组装，就会在基片表面沉积一层石墨烯，膜厚能够通过生长时间实现控制。

第 6 步，关闭等离子体，降温后取出样品并保存，最终在基片表面形成一定厚度的石墨烯薄膜。

石墨烯的表征和分析是研究过程的必要手段，研究中主要采用扫描隧道显微镜、原子力显微镜、扫描电子显微镜、拉曼光谱和光学显微镜等表征分析手段。

扫描隧道显微镜（scanning tunneling microscope，STM）的工作原理：

使用探针靠近测量表面时，测量探针尖端与导电样品表面的隧道电流，由于隧道电流相对于探针与表面之间的距离呈指数衰减，因此可以在原子水平上进行表面成像。

原子力显微镜（atomic force microscope，AFM）是一种对样品进行表面形貌成像的工具。与 STM 不同，AFM 是通过检测待测样品表面和一个微型力敏感元件（即扫描探针）之间的极微弱的原子间相互作用力来研究物质的表面结构及性质，而不是通过隧穿电流，因此 AFM 可以表征绝缘样品。AFM 可以比较精确地测量样品的横向尺寸和高度。在实验中，AFM 主要用来表征样品表面形貌，测量样品的高度（可以据此判断石墨烯的厚度）和尺寸。

扫描电子显微镜（scanning electron microscope，SEM）利用狭窄的电子束扫描样品，通过电子束与样品相互作用产生的二次电子信号成像来观察样品的表面形态。SEM 具有较高的放大倍数、很高的景深等特点，适用于观察样品的表面结构形貌。

拉曼光谱是基于拉曼散射效应得到的散射光谱，通过对不同于入射光频率散射光谱的分析，能够获取分子振动、转动方面的信息，可应用于分子结构的研究。石墨烯拉曼光谱有两个特征峰 G 峰（$1\,583\ cm^{-1}$）和 2D 峰（$2\,700\ cm^{-1}$），另外有一个跟缺陷态与单晶边缘紧密相关的 D 峰（$1\,350\ cm^{-1}$），D 峰与 G 峰比值可以表征石墨烯的质量。

光学显微镜主要用来对样品进行粗定位、初步观察样品及辨别石墨烯的厚度。光经过不同厚度的氧化层反射和折射后，对石墨烯的衬度影响很大。只有在某些特定厚度的绝缘层基片上，石墨烯才会有明显的衬度比。

氧化硅表面石墨烯薄膜原子力显微镜图像与拉曼光谱数据如图 5 - 6 所示。

同时，生长的各个参数对生长的影响也得到了研究。降低生长温度，石墨烯的生长速度明显降低，在 572 ℃下，仅需要 1.5 h 就可以生长一层连续的石墨烯薄膜，其平均厚度为（1.5 ± 0.3）nm。在 565 ℃下，需要 2 h 能生长一层连续的薄膜；而在 545 ℃下，大约需要 5 h。在 600 ℃时，石墨烯的生长速度显著加快，此时，生长的石墨烯均匀性降低，最终形成的纳米石墨烯薄膜更厚。在温度低于 500 ℃时，生长基本不能进行。单次生长法制备石墨烯样品的拉曼光谱数据如图 5 - 7 所示。

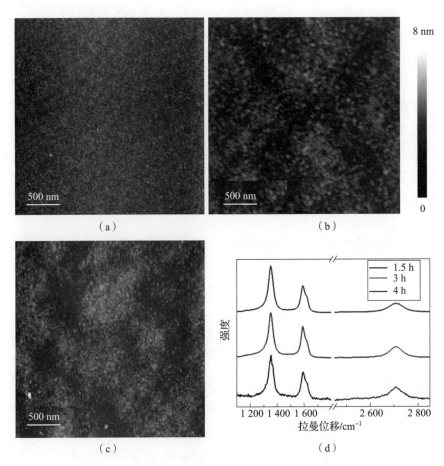

图 5 - 6 氧化硅表面石墨烯薄膜原子力显微镜图像与拉曼光谱数据（附彩图）

（a）~（c）石墨烯原子力显微镜图像；（d）不同生长时间的石墨烯拉曼光谱

生长系统内气压对生长的影响也得到了研究。将其他条件保持相同，在更低的压强下，石墨烯的生长速度变快，生长均匀性变差；在更高的气压下，生长速度则会太慢。这是因为，等离子体产生源离基片约有 0.5 m 的距离，等离子靠扩散到基片处，气压越高，则扩散越慢，而等离子体会在扩散过程中逐渐还原为气体分子态，在基片处的等离子体浓度反而低，因此生长变慢。

为了看到所生长的石墨烯原子分辨的晶体结构，从而直接证实所生长的物质为石墨烯，对生长的石墨烯薄膜做了扫描隧道显微镜表征，如图 5 - 8 所示。研究中选用的石墨烯生长基片是带有氧化层的重掺杂硅，

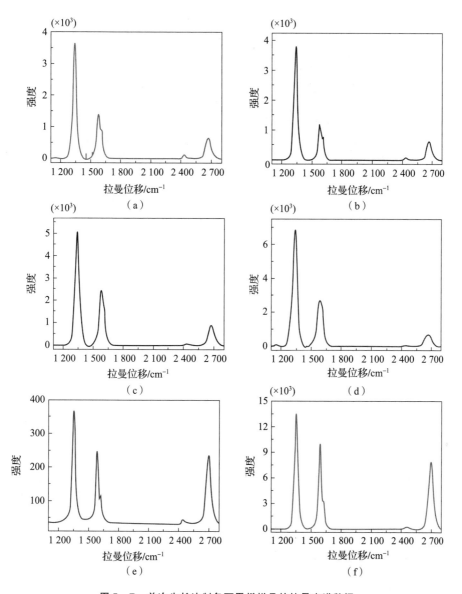

图 5 - 7　单次生长法制备石墨烯样品的拉曼光谱数据

（a）样品#1 拉曼光谱；（b）样品#2 拉曼光谱；（c）样品#3 拉曼光谱；

（d）样品#4 拉曼光谱；（e）样品#5 拉曼光谱；（f）样品#6 拉曼光谱

由于 STM 成像过程中需要样品导电，因此表征中用导电银胶（或高导电碳胶）将石墨烯样品表面与样品托连通，并保持接触良好，以便获得 STM 原子结构图像。

图 5 - 8 石墨烯薄膜的扫描隧道显微镜表征

研究和表征结果显示，石墨烯薄膜是由一个个尺寸为几十至几百纳米的石墨烯单晶组成的，石墨烯单晶的尺寸主要取决于基片的平整度、生长时的形核密度以及生长时间等因素。由于普通金属基片的粗糙度较大，在生长初期，石墨烯晶粒的尺寸较小，晶粒边缘原子在材料中所占的比例大，因此拉曼光谱中的 D 峰与 G 峰比值大；随着边缘生长过程的继续，基片平整度提高，石墨烯晶粒变大，拉曼光谱中的 D 峰与 G 峰比值变小。

鉴于基片表面的粗糙和复杂程度，石墨烯薄膜的均匀性有待研究。实验上采用拉曼光谱区域内连续逐点取谱和基片离散选点取谱两种方法。区域内逐点取谱是指选择长、宽分别为几微米的区域，以 0.5 μm 的步长逐点分析整个区域内纳米石墨烯薄膜的峰强比值，结果显示整个区域内比值相近。选点取谱是在尺寸为 12.0 mm × 15.0 mm 的基片上，在整个基片范围内任意选取 10 个点，分析其拉曼光谱中 D 峰与 G 峰的峰强比值，如图 5 - 9 所示。研究结果发现，其峰强比值分布在 1.64 ~ 1.69，表现出了较好的均匀性。

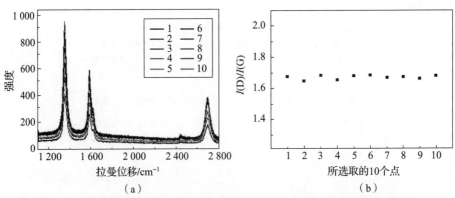

图 5 - 9 不同基片的纳米石墨烯薄膜拉曼光谱和特征峰强比统计结果（附彩图）
（a）10 个不同区域石墨烯拉曼光谱；（b）D 峰与 G 峰的峰强比值

如图 5 – 10 所示，为了进一步优化石墨烯镀膜质量，将沉积生长过程分为两步——石墨烯形核、边缘生长，前者所需的温度高于后者。首先，在较高温度下快速在短时间内形核；其次，降低至边缘生长温度，石墨烯晶粒长大。通过控制形核点的密度和形核点的边缘生长时间，就可以制备更高质量的石墨烯镀膜。单次生长法制备石墨烯样品的拉曼光谱数据显示，由于晶粒边界的存在，在特征光谱中 D 峰与 2D 峰比值较大。如图 5 – 11、图 5 – 12 所示，相比单步生长法，采用两步法制备的石墨烯晶粒尺寸增大，峰强比下降。

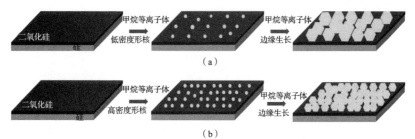

图 5 – 10 两步法生长较高质量石墨烯薄膜，将石墨烯形核与边缘生长分开

（a）较低密度形核；（b）较高密度形核

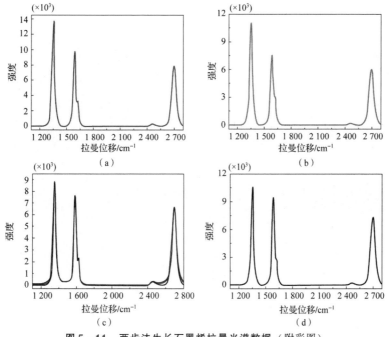

图 5 – 11 两步法生长石墨烯拉曼光谱数据（附彩图）

（a）样品#01 任取 2 点拉曼光谱；（b）样品#02 任取 2 点拉曼光谱；
（c）样品#03 任取 3 点拉曼光谱；（d）样品#04 任取 2 点拉曼光谱

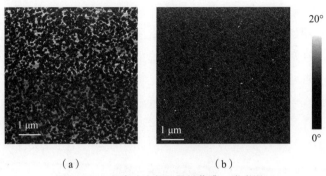

图 5 – 12　两步法生长石墨烯薄膜（附彩图）

（a）分立薄膜；（b）连续薄膜

　　将石墨烯形核与边缘生长分开的两步生长法，最终获得的石墨烯晶粒尺寸取决于多个要素，其中最核心的是形核点密度与边缘生长时间。为了尽可能获得亚微米和微米级单晶尺度的石墨烯，就需要尽量降低形核点密度并增大边缘生长时间。采用这样的方法在氧化铝表面生长石墨烯薄膜，如图 5 – 13 所示。但这同时会增加石墨烯生长所需的时间，因此需要在两者之间寻求平衡——合适的形核点密度与适宜的边缘生长时间。

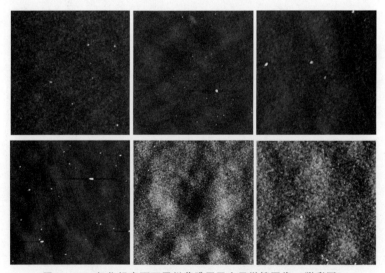

图 5 – 13　氧化铝表面石墨烯薄膜原子力显微镜图像（附彩图）

　　石墨烯镀膜厚度可以通过两种方法确定。其一，通过设定的沉积温度、气压和功率，控制沉积时间来达到所需厚度的薄膜。需要注意的是，为了定量控制每次石墨烯的沉积厚度，单次沉积过程不得超过 3 h，以 1～2 h 为最佳单次沉积时间。这是因为，随着沉积时间的延长，沉积腔体表面有无定形碳和石墨烯的沉积，过多的沉积物会影响等离子体的反应活性，进而降低石墨烯沉积质量和速度，导致石墨烯沉积速度非线性增强。每次沉积长石墨烯后，需用氩气/氧气混合气等离子体高温清洗腔体 2 ~ 3 h，去除腔体表面无定形碳和石墨烯的沉积，以达到基片表面可控沉积石墨烯的目的。

其二，用原子力显微镜高度测量法测试石墨烯镀膜厚度。基片表面石墨烯薄膜的厚度测量是借助原子力显微镜、电子束曝光和反应离子刻蚀实现的。具体步骤如下：

第 1 步，采用丙酮超声清洗基片 30 min，保证表面清洁。

第 2 步，用匀胶机旋涂光刻胶 PMMA，包括慢速（400 ~ 600 r/min）匀胶数秒和快速（3 500 r/min）匀胶 50 s 两个过程，并将基片背面残胶用丙酮溶液清除干净，用热板在 180 ℃ 下烘烤 5 min，此时光刻胶的厚度约为 300 nm。

第 3 步，采用 L - edit 软件作曝光窗口图。

第 4 步，用电子束曝光的方法在基片曝出 2 μm × 2 μm 的窗口阵列。

第 5 步，对基片显影定影，将曝光区域的光刻胶去除。

第 6 步，使用反应离子刻蚀系统氧等离子体将曝光窗口区域石墨烯刻蚀干净，等离子体起辉气压 100 mTorr[①]，以功率 100 W 刻蚀 5 ~ 20 s。

第 7 步，用丙酮溶液 lift - off 溶脱，去除基片表面所有的 PMMA 光刻胶。为了去除残胶，将基片在室温下置于 PECVD 系统中，通入 100 sccm 的氧气，以功率 30 W 刻蚀 3 s。

第 8 步，用原子力显微镜在曝光窗口的位置测量沉积生长石墨烯的厚度。

上述两种方法均适用于粗糙度较小的氧化硅和硅基片，相比于普通金属基片，厚度结果更加准确。鉴于普通金属基片粗糙度较大（10 ~ 100 nm 不等），远远大于传统氧化硅基片的粗糙度和石墨烯薄膜的厚度，因此金属表面石墨烯的厚度一般为估测值，即近似认为同等条件下每次生长的石墨烯厚度相等，测量特定条件下单次生长过程沉积的石墨烯薄膜的厚度。在此实验中得到的金属表面测量数据与实际值有一定偏差。

如果远程等离子体增强化学气相沉积技术制备石墨烯，由于裂解甲

---

① 　1 mTorr = 0. 133 Pa。

烷、乙烯等碳源获得含碳活性基团过程中需要加热至 500~600 ℃，适用于高纯度金属铜、金、银及硅、氧化硅、氧化铝等耐温材料表面，对于铝、铝合金等材料不适用。对于铝、铝合金等材料，研究中采用间接转移的方法完成石墨烯镀膜。石墨烯转移镀膜采用两种不同类型的石墨烯材料，一种是热化学气相沉积制备铜箔表面石墨烯，另一种是 PECVD 制备氧化硅表面石墨烯。

对于热化学气相沉积制备铜箔表面石墨烯，转移过程如下：

第 1 步，用两片光滑的基片（如玻璃）将石墨烯/铜箔做挤压、展平处理。

第 2 步，用匀胶机将通过苯甲醚稀释后浓度为 5% 的 495（或 950）PMMA 以 2 500~4 000 r/min 的转速旋涂。

第 3 步，将已涂胶的样品放置于 150~180 ℃ 热板上，烘烤数分钟至十数分钟，使胶充分固化，等样品冷却后可以重复涂胶烘烤，以增加 PMMA 的厚度，得到 PMMA/石墨烯/铜箔。

第 4 步，将 PMMA/石墨烯/铜箔浸入氯化铁溶液，将铜箔腐蚀去除，得到漂浮在溶液中的 PMMA/石墨烯。

第 5 步，用去离子水反复清洗 PMMA/石墨烯，将刻蚀液清除，得到干净的 PMMA/石墨烯，再将干净的 PMMA/石墨烯平铺至目标基底上，得到 PMMA/石墨烯/目标基底。

第 6 步，将 PMMA/石墨烯/目标基底晾干后加热，并用氮气去除（或减少）石墨烯与目标基底间的微小气泡。

第 7 步，将 PMMA/石墨烯/目标基底浸入丙酮溶液，通过丙酮溶解 PMMA，可以适当加热至 50 ℃ 左右，以加速 PMMA 的溶解速度。

第 8 步，将石墨烯/目标基底分别浸泡在无水乙醇和去离子水中，用氮气吹干。

对于 PECVD 制备氧化硅表面石墨烯，转移过程如下：

第 1 步，用匀胶机将通过苯甲醚稀释后浓度为 5% 的 495（或 950）PMMA 以 2 500~4 000 r/min 的转速旋涂。

第 2 步，将已涂胶的样品放置于 150~180 ℃ 热板上，烘烤数分钟至十数分钟，使胶充分固化，等样品冷却后可以重复涂胶烘烤，以增加 PMMA 的厚度。

第 3 步，采用氢氧化钾或者氢氟酸作为腐蚀氧化硅的溶液，将已涂胶的样品浸入溶液，使氧化硅充分溶解。当基片表层的氧化硅溶解后，带有石墨烯的 PMMA 薄膜会漂浮在溶液表面。然后，用去离子水反复漂洗 PMMA 薄膜。

第 4 步，将目标基片（或部件）先后在酒精、去离子水中超声，以去除表面的杂质；随后，把包含石墨烯的 PMMA 薄膜转移至目标基片（或部件），放置于 50℃热板上烘烤 30 min 左右，使石墨烯/PMMA 薄膜充分铺平。

第 5 步，采用丙酮、酒精等有机溶剂，溶解去除 PMMA。

第 6 步，采用远程等离子体、热退火或辐照等方式去除残胶，以获得具有洁净表面的石墨烯/目标基片。

氧化硅表面石墨烯转移至目标基片流程如图 5 - 14 所示。

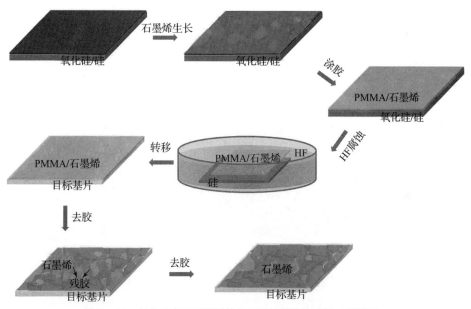

图 5 - 14　氧化硅表面石墨烯转移至目标基片流程图（附彩图）

转移和制备都是实现石墨烯在诸多领域大规模应用的核心技术。目前石墨烯的转移方法可分为聚合物辅助转移和无胶转移。现有的转移技术过程中大多将有机聚合物作为转移介质，且转移过程中容易造成石墨烯薄膜的破损和有机介质的残留，这严重影响了石墨烯薄膜的性能和表面平整度，导致器件性能低、易短路，难以大面积制备。

常规石墨烯镀膜去胶后，在真空或者在惰性气体的保护下，将样品加热到一定温度并维持一段时间，然后缓慢降温。对于石墨烯薄膜和器件而言，常用氩氢混合气体，温度为 250 ~ 400 ℃，退火时间控制在数小时不等。由于退火温度过高，可能会造成微波部件损毁或者失效，无法适用于聚酰亚胺、聚四氟乙烯、金属铝合金等微波部件材料，对于铝合金、聚酰亚胺、聚四氟乙烯等材料，考虑其加工工艺等相关要求，不宜将石墨烯镀膜后的相关材料高温退火，研究中采用基于远程等离子体氢刻蚀技术的近室温石墨烯镀膜洁净处理技术。

研究发现，氢等离子体在 400 ℃ 以上对石墨烯产生各向异性刻蚀（图 5 - 15），但不会引入新的缺陷，刻蚀只在边缘和缺陷处发生；低于 400 ℃，石墨烯不受影响。因此在 30 ~ 50 ℃ 通入一定量的高纯氢气（99.999%），腔体内气压达到 20 ~ 150 Pa，采用 30 ~ 100 W 的氢等离子体。在此状态下，氢活性粒子能量小，对金属、聚酰亚胺、聚四氟乙烯等材料无损伤；对于有机残余 PMMA 和聚乙烯醇（polyvinyl alcohol，PVA）等材料，氢等离子体有较好的刻蚀效果，且不会造成温度升高而变性。氢与石墨烯反应结合生成甲烷气体，将有机残余从石墨烯薄膜表面去除干净。

图 5 - 15　石墨烯缺陷及边缘处各向异性刻蚀

对于残余量少的残胶，即便是原子力显微镜扫图也难以清晰表征（图 5 - 16）。但即便是少量的残胶，对于表面二次电子发射也存在较大的影响。为了最大幅度地实现二次电子发射抑制过程，就需要最大限度地保证有机物的去除和表面清洁。此时，电学测量能够通过石墨烯的电学转移特性曲线显示石墨烯表面残胶对晶体管掺杂的情况，进而间接反映表面的洁净程度。在 50 ℃ 下，经过远程氢等离子体刻蚀，石墨烯晶体管转移特性曲线显示其掺杂程度大幅度减小（图 5 - 17），器件质量明显提高，因此可以推断其表面参与的少量残胶被进一步去除。

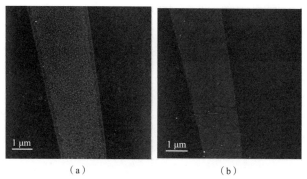

（a）　　　　　　　　　　（b）

图 5-16　单层石墨烯薄膜表面原子力显微镜图像（附彩图）

（a）残胶去除前；（b）残胶去除后

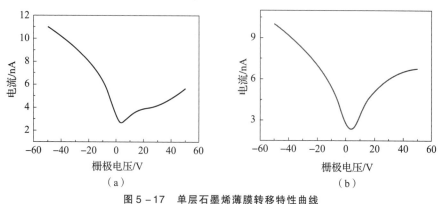

（a）　　　　　　　　　　（b）

图 5-17　单层石墨烯薄膜转移特性曲线

（a）残胶去除前；（b）残胶去除后

5.4　基于石墨烯镀膜的二次电子发射抑制新方法研究

　　采用上述研究中发展的石墨烯薄膜制备技术，在多种不同的基片表面实现了石墨烯薄膜的制备。研究中，选取铜、银、铝及硅等基片，分析石墨烯镀膜后的二次电子发射特性。

　　针对硅、铜、银、金等耐受较高温度的材料，采用远程等离子体增强化学气相沉积的方法，在表面直接制备多种厚度的纳米石墨烯薄膜。本书课题组研究表明，在不同的生长时间对应的厚度下，SEY 有较大的区别。

氧化硅表面不同厚度石墨烯直接镀膜 SEY 实验如图 5 - 18 所示，SEY 随入射电子能量变化如图 5 - 19 所示。

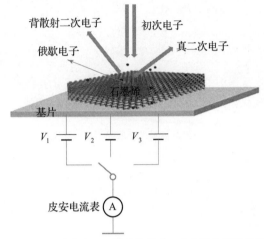

图 5 - 18　基片表面石墨烯镀膜后二次电子发射示意图

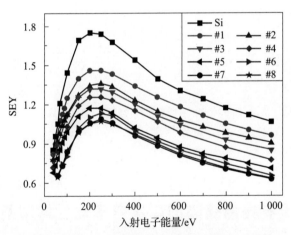

图 5 - 19　重掺杂硅不同厚度石墨烯镀膜，SEY 随入射电子能量变化（附彩图）

　　由于纳米石墨烯薄膜的厚度取决于石墨烯的层数、基片的平整度和均匀性，生长过程中的石墨烯并非大面积单晶石墨烯，而是多晶双层纳米石墨烯，基片表面各处的厚度并非完全一致，因此纳米石墨烯的厚度为近似平均值。#1 样品镀膜厚度约为 1. 5 nm，#2 样品镀膜厚度约为 2. 5 nm，#3 样品镀膜厚度约为 3 nm，#4 样品镀膜厚度约为 4 nm，#5 样品镀膜厚度约为 5 nm，#6 样品镀膜厚度约为 8 nm，#7 样品镀膜厚度约为 10 nm，#8 样品镀膜厚度约为 15 nm。

双层纳米石墨烯在局域粗糙度为 0.2 nm 的氧化硅表面的厚度约为 1.3 nm，考虑到连续双层石墨烯薄膜上有多余石墨烯晶粒的情况，将每次石墨烯生长时间设定为 1.5 h，对应的厚度为（1.5 ± 0.3）nm；1 h 生长时间对应的厚度约为 1 nm。石墨烯薄膜沉积后，基片表面的 SEY 明显下降，下降的幅度随着石墨烯镀膜的增厚而增大，如图 5-20 所示。重掺杂硅表面的 SEY 最大值由初始的 1.75 左右逐渐减小。硅表面沉积 1.5 nm 的石墨烯薄膜，最大值减小至 1.46 左右；硅表面沉积 2.5 nm 的石墨烯薄膜，最大值减小至 1.36 左右；硅表面沉积 3 nm 的石墨烯薄膜，最大值减小至 1.32 左右；硅表面沉积 4 nm 的石墨烯薄膜，最大值减小至 1.26 左右；硅表面沉积 5 nm 的石墨烯薄膜，最大值减小至 1.21 左右。继续增大石墨烯镀膜的厚度，此时 SEY 下降幅度减小：8 nm 的石墨烯薄膜，最大值减小至 1.18 左右；10 nm 的石墨烯薄膜，最大值减小至 1.17 左右；15 nm 的石墨烯薄膜，最大值减小至 1.16，表面 SEY 趋于稳定。相较于硅表面，石墨烯镀膜后 SEY 下降幅度超过 30%。

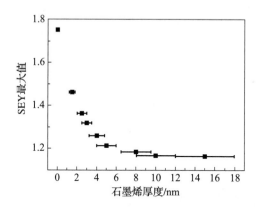

图 5-20　硅材料表面 SEY 最大值随石墨烯镀膜厚度的变化关系

由于内二次电子向表面逃逸的过程被持续散射，对于距离表面较远的内电子无法逃逸至真空中成为二次电子，因此二次电子发射过程中逃逸深度是一个关键参数。前期相关仿真和实验研究显示，固体材料的逃逸深度为数个纳米到十几个纳米。对于不同厚度的石墨烯镀膜样品，可通过分析石墨烯/硅材料 SEY 随石墨烯镀膜厚度的变化关系，直接定量获得逃逸深度。石墨烯镀膜由薄逐渐增厚的过程可以分为不同的阶段，如图 5 - 21 所示。

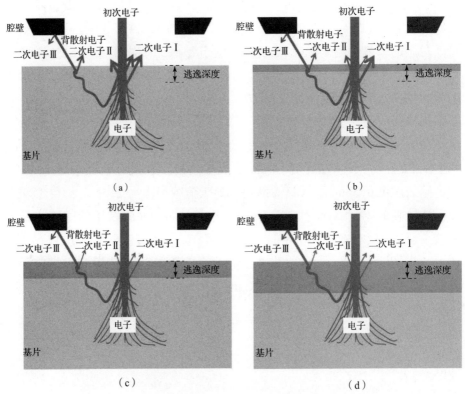

图 5 - 21　不同厚度石墨烯镀膜对应的二次电子发射过程示意图

(a) 石墨烯镀膜前；(b) 石墨烯镀膜厚度小于逃逸深度；

(c) 石墨烯镀膜厚度等于逃逸深度；(d) 石墨烯镀膜厚度大于逃逸深度

　　初始状态，硅表面不存在石墨烯，内电子全部从硅材料逃逸至真空，此时二次电子出射最多，为硅材料本身的 SEY；当表面有石墨烯薄膜存在时，一部分内电子直接从石墨烯逃逸至真空，另一部分内电子直接越过硅材料到达石墨烯中，并最终逃逸至真空形成二次电子，此时的 SEY 随着石墨烯厚度的增加而逐渐减小；随着石墨烯镀膜的增厚，当硅材料中激发的内电子无法越过硅材料和石墨烯逃逸到真空中时，二次电子均来源于表面石墨烯镀膜，石墨烯镀膜的厚度等于内电子的逃逸深度，SEY 达到最小值；继续增加石墨烯镀膜，石墨烯膜厚大于逃逸深度，内电子的运动与前一阶段相同，硅材料中的内电子无法逃逸至真空，SEY 保持稳定。通过研究，可以推断对于厚层石墨烯或者石墨类材料，其内电子逃逸深度为 5～8 nm。本研究结果可为发展基于石墨烯（或低 SEY 镀层材料）的二次电子发射抑制技术提供重要研究支撑。

由于金属微波部件的典型材料为金、银、铜、铝，因此研究中重点研究银、铜、铝在石墨烯镀膜后的 SEY。考虑到银、铜的熔点高，在石墨烯生长温度下不会发生变化，因此采用远程等离子体增强化学气相沉积的方法在高纯铜、银基片表面直接生长纳米石墨烯薄膜。铜表面粗糙度大，导致无法精确测量石墨烯镀膜的厚度，因此研究中做如下简单近似：在同一生长环境下，铜表面石墨烯的沉积速率与硅表面近似相等。由于石墨烯的实际厚度可能与近似数据有一定幅度的偏差，因此此处的石墨烯薄膜厚度数据不适用于精确定量分析。

如图 5－22 所示，#1 铜样品表面石墨烯镀膜厚度约为 1.5 nm，#2 样品镀膜厚度约为 2 nm，#3 样品镀膜厚度约为 3 nm，#4 样品镀膜厚度约为 4 nm，#5 样品镀膜厚度约为 5 nm，#6 样品镀膜厚度约为 15 nm。如图 5－23 所示，#1 银样品表面石墨烯镀膜厚度约为 1.5 nm，#2 样品镀膜厚度约为 2 nm，#3 样品镀膜厚度约为 3 nm，#4 样品镀膜厚度约为 4 nm，#5 样品镀膜厚度约为 5 nm，#6 样品镀膜厚度约为 10 nm，#7 样品镀膜厚度约为 15 nm。

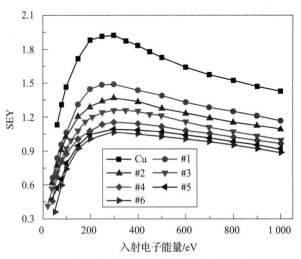

图 5－22　金属铜不同厚度纳米石墨烯镀膜，SEY 随入射电子能量变化（附彩图）

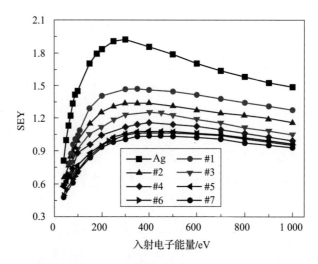

图 5-23　金属银不同厚度纳米石墨烯镀膜，SEY 随入射电子能量变化（附彩图）

　　金属铜和银在石墨烯镀膜后，表面 SEY 的变化规律与单晶硅材料相似。在石墨烯镀膜小于内电子逃逸深度（5~8 nm）阶段，SEY 随着石墨烯膜厚的增加迅速降低。对于金属银，表面初始 SEY 接近最大值，约为1.92；表面石墨烯薄膜约为 1.5 nm 时，SEY 最大值降低到 1.47；表面石墨烯薄膜约为 3 nm 时，SEY 最大值降低到 1.33；表面石墨烯薄膜约为4 nm 时，SEY 最大值降低到 1.26；表面石墨烯薄膜约为 5 nm 时，SEY 最大值降低到 1.16；表面石墨烯薄膜约为 8 nm 时，SEY 最大值降低到1.09。当石墨烯镀膜厚度达到内电子逃逸深度附近时，SEY 趋于稳定，表面石墨烯薄膜约为 10 nm 时，SEY 最大值降为 1.07；表面石墨烯薄膜约为 15 nm 时，SEY 最大值降为 1.04，SEY 抑制幅度超过 45%。由于研究中测试的是其总 SEY，其中的背散射二次电子与材料的元素序数成正相关关系，因此在石墨烯镀膜厚度达到逃逸深度的情况下，继续增大石墨烯镀膜，会小幅度减小其背散射 SEY，其总 SEY 也会随着石墨烯镀膜的厚度增加而有小幅降低。

　　在微波部件表面，并非所有的初次电子都垂直入射到材料表面，大都与法线方向具有一定的入射夹角，因此需要系统分析不同入射角度对石墨烯表面二次电子发射特性的影响。如图 5-24 所示，不同入射角度下测量石墨烯样品的 SEY，分别选取 8 组不同的入射角度，包括 0°、5°、10°、

20°、30°、40°、50°和60°。当电子以一定的角度入射到样品表面时，其SEY 相较于垂直入射会有所增加，且当入射角度不同时，SEY 的增加程度也不同，如图 5 - 25、图 5 - 26 所示。具体来说，当入射角 β 从 0°增加至20°时，图中曲线表明样品表面的 SEY 只有略微增大，几乎可以忽略不计；随着入射角度的增加，SEY 增大幅度快速提升。银基片石墨烯镀膜表面在不同入射角度下测得的石墨烯样品的 SEY，与铜基片石墨烯镀膜规律相似，如图 5 - 27 所示。

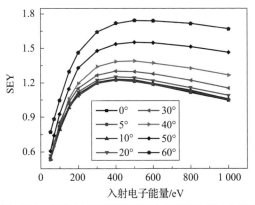

图 5 - 24　不同入射角度下，铜基片石墨烯镀膜表面 SEY 随入射电子能量的变化（附彩图）

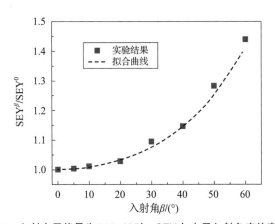

图 5 - 25　入射电子能量为 300 eV 时，SEY 与电子入射角度的变化关系

　　结合二次电子（尤其是真二次电子）出射的机制分析，随着入射角度的增大，同样能量下入射的垂直深度减小，在真二次电子逃逸深度范围下的内二次电子数目增大，因此出射的二次电子数增多。将不同入射角度

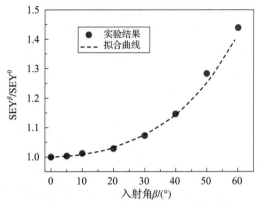

图 5 – 26　入射电子能量为 500 eV 时，SEY 与电子入射角度的变化关系

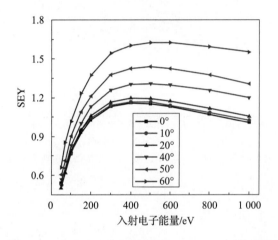

图 5 – 27　不同入射角度下，银基片石墨烯镀膜表面 SEY 随入射电子能量的变化（附彩图）

下的 SEY 与垂直入射下的值相比，经拟合分析发现，随着入射角度的增大，二次电子发射比率的平方与入射角度的余弦值成反比，这一规律近似符合余弦定律。值得指出的是，如果金属表面没有石墨烯薄膜，其 SEY 随着入射角度增大的趋势是相同的；不同的是，纯金属表面 SEY 的绝对值增大速度远高于石墨烯镀膜的表面。

研究中选取了多个样品和同一样品的不同区域，分析抑制效果的均匀性，如图 5 – 28 所示。对于银基片石墨烯镀膜厚度约为 1.5 nm 的样品，其 SEY 最大值为 1.47 ± 0.05；对于石墨烯镀膜厚度约为 3 nm 的样品，其 SEY 最大值为 1.34 ± 0.05；对于石墨烯镀膜厚度约为 5 nm 的样品，其

SEY 最大值为 1.16 ± 0.03；对于石墨烯镀膜厚度为（10 ± 1）nm 的样品，其 SEY 最大值为 1.07 ± 0.03。对于同一厚度的不同样品，其 SEY 不均匀度小于 5%，抑制效果均匀性高。

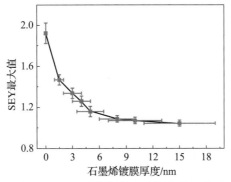

图 5 - 28　银基片石墨烯镀膜表面 SEY 均匀性分析（附彩图）

对于微放电阈值的影响，材料表面的二次电子发射特性中有两个关键参数：一个是 SEY 最大值；另一个是随着入射电子能量的增加，第一能量点 E_1。根据已有的研究和试验测试可知，放电阈值与 $(E_1/SEY_{max})^\alpha$ 成正比，通常 $0.5 < \alpha < 1.0$。石墨烯镀膜后，E_1 可由 40 eV 左右提高到 200 eV 以上，如图 5 - 29 所示。

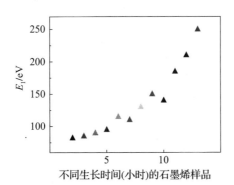

图 5 - 29　随着石墨烯生长时间的延长，金属表面对应的 E_1（附彩图）

假定 α 取值 0.5、0.7 和 1.0，对于 7 个不同厚度石墨烯镀膜的银样品（#1 样品镀膜厚度约为 1.5 nm，#2 样品镀膜厚度约为 2 nm，#3 样品镀膜厚度约为 3 nm，#4 样品镀膜厚度约为 4 nm，#5 样品镀膜厚度约为 5 nm，#6 样品镀膜厚度约为 10 nm，#7 样品镀膜厚度约为 15 nm），经计算可得到微波部件微放电阈值的增幅，如图 5 - 30 所示。比较不同厚度下的增幅情况，在 5 nm 以下，随着石墨烯镀膜厚度的增加，计算得到的阈值增幅持续快速提高，当石墨烯镀膜厚度达到 5 nm 时，阈值增幅可达到 4~9 dB。这是因为在此阶段，随着石墨烯镀膜厚度增大，SEY 最大值持续减小，更重要的是 E_1 能量持续提高。对于厚度在 5 nm 以上的石墨烯镀膜，尽管随着膜厚增加 SEY 最大值趋于平稳，但是 E_1 有所增加，因此此时增加石墨烯厚度仍有助于提升微放电阈值，15 nm 厚度的纳米石墨烯镀膜可提升微放电阈值达 10 dB。

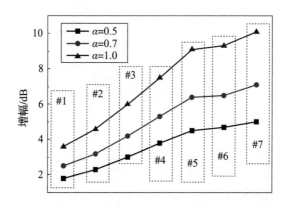

图 5 – 30 不同厚度石墨烯镀膜，可提升微放电阈值幅度分析（附彩图）

对于工程实际应用，石墨烯镀膜表面的环境稳定性是至关重要的因素。因此，通过在不同气体环境中退火和通过制备不同表面残余有机物吸附状态的石墨烯样品，研究不同表面状态对 SEY 的影响。研究结果显示，空气中的氧气和氮气对 SEY 的影响很小，水汽对 SEY 的影响大，变化幅度可超过 10%。因此，石墨烯镀膜要干燥保存，以提高环境稳定性。对于石墨烯镀膜的银基片，实验分析了一段时间干燥环境储存后的 SEY 最大值变化情况，如图 5 – 31 所示。

国内外已有的研究显示[14-15]，对于碳元素材料而言，表面深宽比较高的陷阱结构有助于减小 SEY，碳元素 sp^2 成键有助于减小 SEY，表面的高洁净度无沾污有助于减小 SEY。但是我们在研究中发现，硅表面石墨烯镀膜达到一定厚度时，其 SEY 最大值（1.16）低于天然高质量石墨和高定向热解石墨表面（1.25）；金属表面石墨烯镀膜达到一定厚度时，其 SEY 最大值（1.04）低于石墨烯镀膜的硅表面（1.16）和天然石墨样品

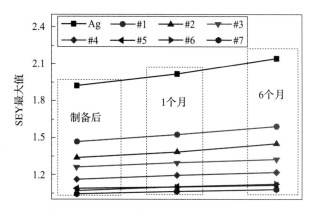

图 5 – 31　干燥环境下，不同厚度镀膜样品 SEY 最大值随时间变化分析（附彩图）

（1.25）。下面逐一分析上述三种因素。①高定向热解石墨是由最高质量的单层石墨烯堆垛而成的，纳米石墨烯薄膜中 C—C 键中 sp^2 占比不可能比高定向热解石墨中比例更高，因此排除 sp^2 成键的影响。②高定向热解石墨表面是新解离的洁净度极高的表面，其洁净度超过石墨烯镀膜的硅和金属表面，因此也排除表面洁净度的因素。③高定向热解石墨表面局域平整度极高，粗糙度在 0.1 nm 以下，石墨烯镀膜硅表面局域粗糙度为 0.3 ~ 0.4 nm，金属表面局域粗糙度为 $10^0 ~ 10^1$ nm 量级，深宽比较高的微纳米孔能够减小 SEY，但随机粗糙表面和表面深宽比小的微纳结构会增大 SEY，因此可以排除表面形貌的影响。

　　SEY 受限于材料表面，接下来详细分析三种体系下表面石墨烯镀膜的区别。我们推断上述现象是由于二维材料层间耦合作用对二次电子发射过程的影响。二维材料不同于常规三维体材料之处在于，其不同层之间没有共价键、离子键、金属键等强作用力，而是范德瓦耳斯力。不同的粗糙度导致石墨烯层间距不同，层间距的差异会影响范德瓦耳斯力，进而促使层间耦合作用不同。每摩尔碳原子的范德瓦耳斯力大小 $U = 11.5 \times 10^{-6}/r^{12} - 5.96 \times 10^{-3}/r^6$（kJ）。由于石墨烯和石墨中的碳原子是非极性的，因此其相互作用主要是电子运动所产生的瞬时偶极色散力，而色散力大小与距离 r 的 6 次方成反比。对于不同粗糙度的表面，基片表面石墨烯层间距不同。高质量石墨或者六方氮化硼表面粗糙度为 0.05 ~ 0.08 nm，单层石墨烯厚度约为 0.35 nm，石墨烯的层间距约为 0.35 nm；在局域粗糙度为 0.1 nm 的硅表面，单层石墨烯厚度为 0.5~0.6 nm，少层石墨烯层间距为 0.4~0.5 nm；在局域粗糙度为 0.2 nm 的硅表面，少层石墨烯层间距约为 0.6 nm，如图 5-32 所示；铜箔表面局域粗糙度为纳米级，单层石墨烯厚度为 0.8~1.0 nm。内电子能量很小，大部分电子的能量仅有几 eV。内电子从材料表面进入真空，需要克服真空势垒。对于层间距较大的二维材料，内电子在跨越不同原子层时，近似于需要克服一个个较小的能量势垒，且二维材料层间距越大，层间等效势垒越高。随着内电子向真空界面运动，能量逐层减小。因此，相较于高定向热解石墨，局域粗糙度较大的硅和银基片在石墨烯镀膜后 SEY 更小。

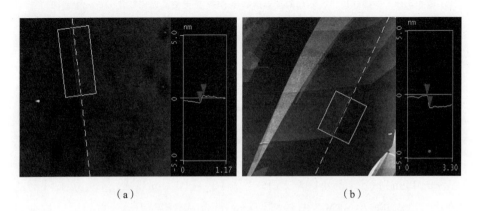

（a）　　　　　　　　　　　　（b）

图 5-32　不同粗糙度表面，单层石墨烯原子力显微镜图像（附彩图）

（a）粗糙度为 0.15 nm，单层厚度为 0.59 nm；（b）粗糙度为 0.28 nm，单层厚度为 0.86 nm

对于氧化硅和氧化铝基片，其初始 SEY 最大值分别在 2.7 和 3.4 左右；5 nm 厚度的石墨烯薄膜沉积后，其 SEY 分别减小至 1.27 和 1.31 左右；10 nm 厚度的石墨烯薄膜沉积后，其 SEY 分别减小至 1.18 和 1.20 左右，实现了 SEY 的大幅度抑制。

微放电抑制研究中，内电子逃逸深度极小（5~8 nm），应比较石墨烯与相同尺度下金属纳米薄膜的等效方块电阻。测试结果发现，石墨烯方块电阻小于金属纳米薄膜，纳米石墨烯薄膜方块电阻与金属纳米薄膜相接近。微波器件工作频率下电流趋肤深度为微米和亚微米量级，数个纳米厚度 CVD 石墨烯及纳米石墨烯镀膜对插入损耗影响很小。

|5.5　本章小结|

石墨烯是实现空间大功率微放电阈值提升的关键材料，研究中通过控制石墨烯薄膜的生长时间，调控制备不同厚度的石墨烯薄膜，系统研究了不同厚度的石墨烯镀膜的表面 SEY，确定了石墨烯镀膜厚度、电子入射角度等因素影响二次电子发射特性的规律。SEY 随电子入射能量与入射角度的定量关系，SEY 随入射角度的变化近似符合余弦定律。表面 1~2 nm 石墨烯镀膜能够极大地减小表面 SEY；石墨烯镀膜厚度达到 5~8 nm 后，继续增大石墨烯镀膜厚度，SEY 趋于稳定。实验上获得内电子的逃逸深度为 5~8 nm，SEY 抑制幅度超过 40%。

参 考 文 献

[1] NOVOSELOV K S, GEIM A K, MOROZOV S V, et al. Two – dimensional gas of massless Dirac fermions in graphene [J]. Nature, 2005, 438: 197 – 200.

[2] NOVOSELOV K S, GEIM A K, MOROZOV S V, et al. Electric field effect in atomically thin carbon films [J]. Science, 2004, 306: 666 – 669.

[3] YEH C H, LAIN Y W, CHIU Y C, et al. Gigahertz flexible graphene transistors for microwave integrated circuits [J]. ACS Nano, 2014, 8 (8): 7663 – 7670.

[4] LIN Y M, JENKINS K A, VALDES – GARCIA A, et al. Operation of graphene transistors at gigahertz frequencies [J]. Nano Letters, 2009, 9 (1): 422 – 426.

[5] ZHAO J, WANG G L, YANG R, et al. Tunable piezoresistivity of nanographene films for strain sensing [J]. ACS Nano, 2015, 9 (2): 1622 – 1629.

[6] LI X S, CAI W W, AN J H, et al. Large – area synthesis of high –

quality and uniform graphene films on copper foils ［J］. Science, 2009, 324 (5932): 1312 – 1314.

［7］ GU G, NIE S, FEENSTRA R M, et al. Field effect in epitaxial graphene on a silicon carbide substrate ［J］. Applied Physics Letters, 2007, 90 (25): 253507.

［8］ LI D, MULLER M B, GILJE S, et al. Processable aqueous dispersions of graphene nanosheets ［J］. Nature Nanotechnology, 2008, 3: 101 – 105.

［9］ WHETTEN N R. Secondary electron emission of pyrolytic graphite cleaved in a high vacuum ［J］. Journal of Applied Physics, 1963, 34 (4): 771 – 773.

［10］ WILLIS R F, FITTON B. The band structure of graphite studied by secondary electron emission ［J］. Journal of Vacuum Science and Technology, 1972, 9 (2): 651 – 656.

［11］ UEDA Y, SUZUKI Y, WATANABE K. Quantum dynamics of secondary electron emission from nanographene ［J］. Physical Review B, 2016, 94: 035403.

［12］ LUO J, TIAN P, PAN C T, et al. Ultralow secondary electron emission of graphene ［J］. ACS Nano, 2011, 5 (2): 1047 – 1055.

［13］ RICCARDI P, CUPOLILLO A, PISARRA M, et al. Primary energy dependence of secondary electron emission from graphene adsorbed on Ni(111)［J］. Applied Physics Letters, 2012, 101 (18): 183102.

［14］ PINTO P, CALATRONI S, NEUPERT H, et al. Carbon coatings with low secondary electron yield ［J］. Vacuum, 2013, 98: 29 – 36.

［15］ ZHAO Q, WANG F P, WANG K Z, et al. Effect of sputtering temperature on fluorocarbon films surface nanostructure and fluorine carbon ratio ［J］. Nanomaterials, 2019, 9: 848.

第 6 章

原子层沉积技术
在微放电抑制中的应用研究

|6.1 概　　述|

原子层沉积（atomic layer deposition，ALD）是一种全新的表面薄膜制备技术，具有沉积面积大、薄膜均匀性好、膜厚单原子层级精确可控、生长温度低等特点，可用于具有很高深宽比的三维微纳结构和器件中功能薄膜材料的均匀覆盖，受到国内外学术界和工业界的广泛关注。

作为自限制的化学气相沉积技术，ALD 原理上可以确保薄膜生长100% 的均匀性、保形性、无针孔。实际实验中在很多体系下 ALD 能够实现近100% 的保形性和极高的均匀性，即使是极具挑战的三维纳米结构（如高深宽比的纳米孔、沟道、柱状结构阵列等），也能通过原子层沉积技术沉积均匀保形的薄膜，如图 6 – 1 所示。ALD 制备薄膜样品范围较广，主要包括以下几种类型纳米薄膜：金属氧化物薄膜、金属氮化物薄膜、金属硫化物薄膜、金属氟化物薄膜、金属单质薄膜、纳米叠层薄膜、混合氧化物薄膜、掺杂薄膜等[1-3]。

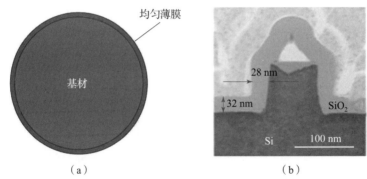

（a）　　　　　　　　　　　（b）

图 6 - 1　原子层沉积保形性均匀镀膜（附彩图）

（a）原子层沉积保形薄膜示意图；（b）原子层沉积扫描电子显微镜图像

不同类型的薄膜适用于不同的应用场景（图 6 - 2），目前研究较为广泛的包括微电子学、光学、光电子学、能源、航空航天等[4-6]。尽管 ALD 可以视为化学气相沉积技术的一种特殊方式，但其与传统的化学气相沉积（chemical vapor depositon，CVD）有极大不同，ALD 反应源的反应活性较强，通常在低温（多为 400 ℃以下）环境反应源就能够激发反应活性，常规情况下 ALD 的薄膜沉积温度远低于传统化学气相沉积。很多材料无法耐受传统化学气相沉积的温度，因此原子层沉积技术反应温度较低是其一大优势。

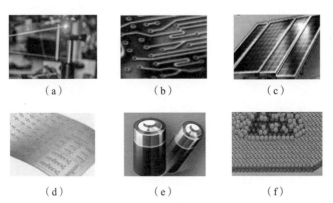

（a）　　　　　　（b）　　　　　　（c）

（d）　　　　　　（e）　　　　　　（f）

图 6 - 2　原子层沉积技术部分应用场景

（a）光学；（b）芯片；（c）太阳能电池；（d）智能穿戴；（e）能源；（f）催化

从反应机制上，ALD 与传统的 CVD 薄膜制备技术有很大的不同。传统的 CVD 将反应源同时引入反应腔体，发生连续反应，从而连续地沉积薄膜。在 ALD 薄膜沉积技术中，反应源交替式地进入反应腔体，每半个

反应都能够自动达到饱和而自动终止,从而实现单原子层的逐层生长。一个 ALD 反应周期分为以下四个步骤:

第 1 步,第一种前驱体源脉冲进入反应腔体与基片表面的官能团发生反应(或者化学吸附),达到饱和自动终止。

第 2 步,利用惰性气体清洗脉冲,将没有反应完的第一种反应源和反应副产物清洗排走。

第 3 步,第二种反应源脉冲进入反应腔体并与第 1 步反应所生成的中间产物发生反应生成目标薄膜(同时反应达到饱和而自动终止)。

第 4 步,利用惰性气体清洗脉冲将没有反应完的第二种反应源和反应副产物吹洗排走。

ALD 表面吸附生长要求目标生成物的生长温度低于反应源的分解温度,以实现对其生长过程的控制。ALD 沉积过程需要一个合适的温度区间,该区间称为窗口温度,如图 6-3 所示。生长温度过低会造成反应源未完全活化或出现冷凝现象,沉积结果可能是反应源有机物而非目标物吸附在基片上;生长温度过高会导致反应源分解或已吸附的中间体从基片表面脱落,影响样品的沉积。如果温度偏离反应窗口,则无论是过低还是过高,均会导致每个循环周期薄膜沉积速度发生改变,更重要的是将极大地影响薄膜的质量和性能。

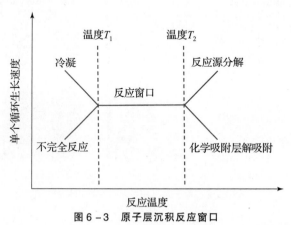

图 6-3 原子层沉积反应窗口

原子层沉积的特点要求反应源必须具备几个特点:要有一定的挥发性;不在反应温度(及以下)发生分解反应(或变性);在极短的时间内可以与其他反应源完成反应过程;生成的副产品具有良好的挥发性。因此，最理想和常见的反应源是液体金属有机物。

原子层沉积是一种具有自约束性的薄膜生长方式，其生长工艺必须经过精细的调节来实现最佳的薄膜沉积。通常可以通过调节以下几种参数来控制薄膜的沉积：反应室温度、反应室的压力、反应源温度、反应源流量和等待时间。

反应室温度是用来控制原子层沉积的重要参数，是原子层沉积的基础，主要表现在两方面：提供原子层沉积反应所需的激活能量；辅助清除单原子层形成过程中的多余反应物和副产品。反应源的温度需要设定在一定的值有两层意义：升温可以加快反应源挥发的速度，保证足量的反应源进入反应室；提前预热反应源，保证反应过程的顺利进行。因此，对于挥发性较低的反应源，既要设定一定的加热温度，又要保证反应源的温度低于反应室的温度，且低于反应源的变性分解温度。例如，四二乙基氨基铪挥发性较差，可以对其适当升温；对于三甲基铝，饱和蒸气压高，且其易燃易爆，应禁止对其加热。

6.2　原子层沉积氮化钛的抑制技术研究

基于原子层沉积的独特优势，研究发展了一种简单的基于超薄氮化钛涂层的二次电子发射抑制技术，涂层与基片之间具有极强的结合力。研究中采用等离子体增强原子层沉积技术制备致密的高质量氮化钛薄膜。通过调节原子层沉积循环周期数，可以精确控制薄膜厚度。银基片沉积 10 nm 氮化钛薄膜后，表面 SEY 由 2.15 ± 0.1 减小至 1.6 ± 0.05，因此定量分析表面 SEY 与氮化钛沉积厚度的依赖关系。实验中测试了大量样品，表面 SEY 均匀性良好。更重要的是，等离子体增强原子层沉积（ALD）氮化钛薄膜与基片共价成键，具有超强结合力。

研究中，在较低的温度下可以通过等离子体增强 ALD 在高纯银表面制备氮化钛薄膜。沉积过程中选择四（二乙氨基）钛和氨等离子体作为钛源和氮源。样品通过预真空室传送至反应腔体。在等离子体增强原子层沉积之前，基片在 200 ℃ 下退火 30 min。沉积温度为 $180 \sim 250$ ℃。与传统的热 ALD 相比，等离子体增强 ALD 有其独特的优势，如更低的反应温度、更高的薄膜沉积速度和更多的沉积薄膜种类。作为一种特殊的化学气相沉积反应，原子层沉积过程中两种不同的反应物交替地通入反应腔体。每个沉积循环过程包含四个步骤：

第 1 步，设置脉冲时间为 0.1 s，将四（二乙氨基）钛通入反应腔体，并化学吸附在基片表面。

第 2 步，通入高纯氮气 7 s，将未化学吸附在基片表面的多余的四（二乙氨基）钛冲洗干净。

第 3 步，通入高纯氨气，开启等离子体，将等离子体脉冲时间设置为 3 s，氨气等离子体与化学吸附在基片表面的四（二乙氨基）钛化学反应生成氮化钛薄膜。

第 4 步，通入氮气 7 s，将多余的氨气与反应副产物冲洗干净。

反复执行沉积循环，直至完成薄膜沉积实验。薄膜沉积完成后，将样品传送到预真空室冷却至室温，取出样品，在氮气保护下保存。

表面形貌粗糙度对二次电子发射特性有较大的影响。实验中使用原子力显微镜分析表面形貌，考虑到银基片表面粗糙度大，无法从中提取氮化钛薄膜的形貌信息，因此在沉积反应过程中，将氮化钛薄膜同时沉积在银基片与硅基片表面，且成膜厚度一致。研究中选取 $1\ \mu m \times 1\ \mu m$ 的范围分析氮化钛薄膜粗糙度。氮化钛样品表面形貌如图 6 - 4、图 6 - 5 所示，硅表面粗糙度为 0.185 nm，20 个氮化钛沉积循环和 80 个循环后表面粗糙度约为 0.4 nm，氮化钛粗糙度与硅基片本身接近，远小于银基片的粗糙度。原子层沉积反应温度为 200 ℃，每个沉积循环的氮化钛薄膜沉积厚度为 0.13 nm。在沉积反应过程中，氮化钛薄膜的厚度可通过调节沉积循环数精确控制。

（a）　　　　　　　　　　　（b）

图 6 - 4　表面原子力显微镜图像

（a）硅基片；（b）原子层沉积 20 个循环氮化钛

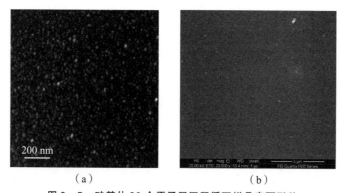

图 6 - 5　硅基片 80 个原子层沉积循环样品表面形貌

（a）氮化钛薄膜原子力显微镜图像；（b）扫描电子显微镜图像

选取入射能量为 300 eV 的电子垂直入射氮化钛薄膜，研究氮化钛薄膜涂层的二次电子发射能谱，能谱如图 6 - 6 所示。由能谱将电子分为两部分：能量在 0～50 eV 之间的慢二次电子，此部分为真二次电子；能量在 50～300 eV 之间的快二次电子，此部分为背散射二次电子。真二次电子和背散射二次电子的峰分别位于 3.5 eV 和 296.3 eV。归一化的二次电子能谱显示，一个 300 eV 能量的电子垂直入射到氮化钛表面，约有 85% 的概率产生一个真二次电子，其中 10% 的可能性激发出一个能量为 3.5 eV 的真二次电子。入射电子直接弹性散射返回真空或经过多次弹性及非弹性散射返回真空的概率为 15%，背散射电子分布在很宽的能量范围内，在略小于入射电子能量处强度最高。

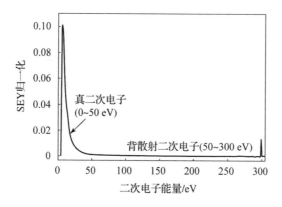

图 6 - 6　300 eV 能量的电子垂直入射氮化钛薄膜，对应的 SEY 归一化能谱

特定能量的背散射二次电子强度远小于真二次电子强度。入射电子能量为 1 000 eV，能量高于 500 eV 的背散射电子占比约为（甚至小于）5%。在 SEY 测试中，当样品表面加 500 V 正偏压时，几乎所有的背散射电子被样品电流收集。

银基片与 10 nm 氮化钛镀层银样品的 SEY 随入射电子能量的变化关系如图 6-7 所示。大量的实验测试证明，系统 SEY 的测试精度为 ±0.02。实验中将纯银样品作为对照样品，入射电子能量为 300 eV 时，二次电子发射能谱显示银表面真二次电子比例占 0.75。SEY 测试中，总 SEY 和真 SEY 分别为 2.15 和 1.68，计算得到真二次电子比例占 0.78，与能谱中得到的值吻合。被轰击材料元素序数越大，入射电子与原子核弹性碰撞发生背散射的可能性越大。对于银基片，表面沉积氮化钛薄膜后背散射电子绝对值和比例均减小。表面沉积 10 nm 氮化钛后，总 SEY 最大值和真 SEY 最大值分别减小到 1.62 和 1.38。相比于银表面，SEY 减小约 25%，这是由于背散射和真二次电子均大幅减小共同作用的结果。

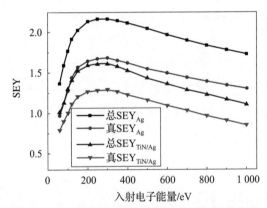

图 6-7　SEY 随入射电子能量的变化关系（附彩图）

实验研究了氮化钛镀膜抑制 SEY 的均匀性，选择 10 nm 厚度的样品，采用两种方式统计分析同一样品上选择不同的区域和同一镀膜厚度的不同样品，结果如图 6-8 和图 6-9 所示。在同一样品上选择 5 处不同的区域，SEY 最大值分别为 1.64、1.61、1.63、1.62 和 1.63。选择 8 个不同的样品，依次测量其 SEY，其总 SEY 最大值为 1.62 ± 0.03，显示了良好的均匀性。值得指出的是，氮化钛薄膜沉积完成后，将样品储存在真空或高纯氮气保护下，避免吸附水汽或氧化。真空中存放 6 个月后，SEY 最大值仅增加 0.02 ~ 0.03。然而，对于在干燥箱中和普通大气环境下存放 6 个月的样品，其 SEY 分别增加至 1.70 ~ 1.75 和 1.95 ~ 2.00，这是因为，吸附氧气、水汽等后，薄膜表面部分氧化。将样品在真空环境下 300 ℃ 退火 20 min，SEY 最大值分别减小至 1.7 和 1.8，仍大于样品初始状态 SEY。这是因为退火只能去除物理吸附表面的基团，已发生氧化的部分无法通过退火还原。由于射频器件和卫星微波部件工作在高真空环境下，因此氮化钛镀膜的 SEY 稳定性很高。另外，SEY 受氮化钛涂层质量的影响，一旦受到反应条件（如过低的反应温度、不充分的反应时间、较低的等离子体强度）的影响而使沉积薄膜质量降低，氮化钛薄膜的元素组成将大幅偏离 1:1。此时，表面的 SEY 变化较大，可能增加至 1.75（甚至更高）。因此，无论在薄膜沉积中还是储存中，保证高质量的镀膜样品都十分关键。

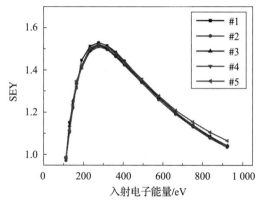

图 6-8　同一样品，不同区域的 SEY 随入射电子能量的变化（附彩图）

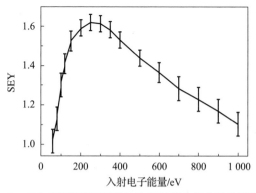

图 6-9　多个相同厚度不同样品的 SEY 随入射电子能量的变化

尽管氮化钛薄膜的导电性优于大部分低 SEY 涂层材料，但是相比于银，其电导率仍差很多。对于高频射频器件（尤其是毫米波器件），其趋肤深度很小，过大的涂层厚度会增大器件的插入损耗。因此，研究氮化钛涂层的厚度与表面 SEY 之间的定量关系非常重要。但是，相关的研究还很少。本书中选择几十个样品为研究对象。氮化钛薄膜的厚度通过原子层沉积循环周期严格控制，对于不同厚度的样品，其 SEY 最大值均出现在入射电子能量为 300 eV 附近，如图 6 – 10 所示。

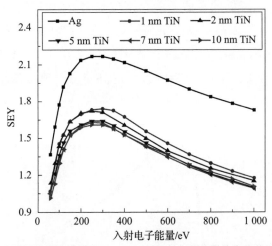

图 6 – 10　不同氮化钛镀膜厚度下，SEY 随入射电子能量的变化关系（附彩图）

研究中分析了一系列不同氮化钛涂层厚度下，对应的入射电子能量为 100 eV 和 300 eV 的 SEY，如图 6 – 11、图 6 – 12 所示。表面初始沉积 1 nm 氮化钛，SEY 大幅减小；逐渐增加氮化钛镀膜厚度，SEY 缓慢减小，经历

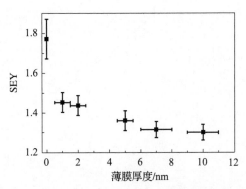

图 6 – 11　入射电子能量为 100 eV 时，不同镀膜厚度的 SEY

80 个沉积周期后，薄膜厚度达到 10 nm，SEY 最大值减小至 1.62 ± 0.03，其后随着薄膜厚度增加几乎保持稳定，这与真二次电子从超薄表面出射特性相符。对于高频器件的氮化钛镀层，2～5 nm 是最佳镀层厚度。通过原子层沉积超薄氮化钛薄膜，可实现 SEY 的大幅抑制技术。

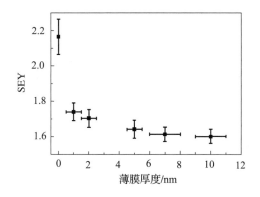

图 6 - 12　入射电子能量为 300 eV 时，不同镀膜厚度的 SEY

|6.3　原子层沉积碳膜的抑制技术研究|

随着航天科技的发展，有效载荷日益趋于大功率、小型化、轻量化，以满足新一代航天技术的要求。相较于金属微波部件，介质微波部件以其小型化、大功率化等独特优势，在航天器系统中发挥着越来越重要的作用。然而，随着介质微波部件功率容量的进一步提升，介质微放电抑制成为介质微波部件新技术研制的关键问题之一。介质微放电是指介质微波部件在真空环境下发生的二次电子倍增效应。前期金属微放电抑制技术研究中发现，表面处理技术是实现金属微放电抑制、提高微放电阈值的重要手段。金属微波部件镀膜提高微放电阈值需要满足多项关键技术要求，包括镀膜抑制幅度大、工艺可控性高、镀膜结合力强、环境稳定性高和电学特性优良等。针对大功率介质微波部件微放电效应抑制技术，为了使介质表面镀膜对微波部件能量损耗等性能影响降低到在工程应用中可接受，并保证微波部件在空间环境中的可靠性，表面镀膜抑制介质微波部件微放电效应同样需要满足多项关键技术要求，包括镀膜抑制幅度大、工艺可控性高、镀膜结合力强、环境稳定性高和介电特性优良等。

原子层沉积具有优异的结合力，对于介质微波部件（甚至大功率磁性介质器件），原子层沉积碳膜有助于降低其表面 SEY，提高介质放电阈值。采用原子层沉积的方法直接在介质样件表面生长可控碳纳米薄膜材料，可调控碳碳成键方式，实现了亚纳米级厚度控制，碳膜可控性好、稳定性高、结合力强，可控超薄碳膜能避免劣化表面介电特性，碳膜的引入过程清洁无污染。

碳膜由多晶碳颗粒组成，单个碳颗粒粒径为数纳米至数十纳米不等。原子层沉积制备的碳膜具有极高的均匀性和工艺均一性，能够实现介质基片和部件表面高质量可控镀膜。碳膜中碳碳成键方式决定了其导电性强弱，sp^2 成键比例越大，碳膜越接近石墨烯的特性，导电性越好；sp^3 成键比例越大，碳膜越接近金刚石的特性，绝缘性越好。拉曼光谱表征结果显示，碳膜中碳碳成键方式以 sp^3 成键为主，混合着少部分 sp^2 成键，如图 6-13、图 6-14 所示。

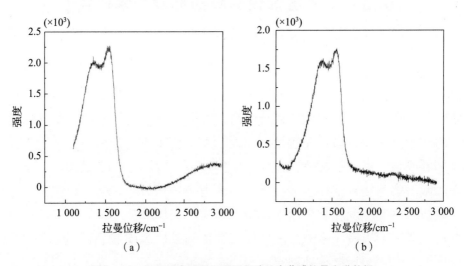

图 6-13　氧化硅表面原子层沉积碳纳米薄膜拉曼光谱数据
（a）样品#1 拉曼光谱；（b）样品#2 拉曼光谱

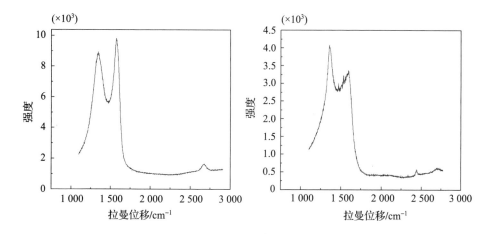

图 6 – 14　氧化铝表面原子层沉积碳纳米薄膜拉曼光谱数据

（a）样品#01 拉曼光谱；（b）样品#02 拉曼光谱

　　原子层沉积不同厚度的碳膜后，聚四氟乙烯（PTFE）表面 SEY 逐渐降低。SEY 测试结果显示，介质材料聚四氟乙烯和氧化铝基片 SEY 最大值为 3.7 和 3.5 左右，如图 6 – 15、图 6 – 16 所示。介质氧化铝和聚四氟乙烯表面沉积约 1 nm 厚的碳膜后，其 SEY 分别减小至 2.7 和 2.6 左右；沉积约 2 nm 厚的碳膜后，其 SEY 分别减小至 2.1 和 2.0 左右；沉积约 3 nm 厚的碳膜后，其 SEY 减小至 1.5 左右；沉积约 4 nm 厚的碳膜后，其 SEY 减小至 1.3 左右；沉积约 5 nm 厚的碳膜后，其 SEY 减小至 1.25 左右；沉积约 8 nm 厚的碳膜后，其 SEY 减小至 1.23 左右。随着碳膜持续增加，SEY 基本保持稳定，为 1.20 左右，降幅超过 60%。综合分析介质表面碳膜抑制效果、介电特性、镀膜成本、生产效率和航天可靠性等因素，优选碳膜镀层用于介质微波部件微放电阈值的提升。

　　基于原子层沉积技术制备薄膜是一个周期生成一个亚原子层的化学反应沉积过程，因此表面碳薄膜的致密度和均匀度高，且不会改变微波部件级基材表面的粗糙度。原子层沉积反应是在气态环境下完成的，反应窗口内前驱体源通过化学吸附的方式均匀吸附在待沉积部件基片表面，表面可以是平面、曲面、深宽比较大的陷阱结构表面等。

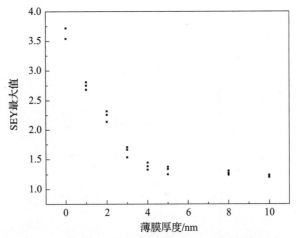

图 6 – 15　聚四氟乙烯基片表面 SEY 最大值随碳膜厚度变化

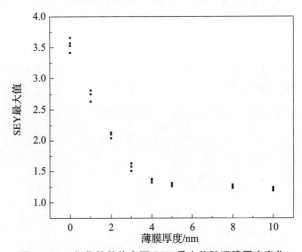

图 6 – 16　氧化铝基片表面 SEY 最大值随碳膜厚度变化

|6.4　原子层沉积复合薄膜的抑制技术研究|

采用原子层沉积技术制备纳米薄膜，在反应窗口内能够通过反应循环数精确控制薄膜厚度，实现纳米（甚至亚纳米）级厚度薄膜的可控制备。这对于二次电子发射和航天大功率微放电抑制研究及工程应用具有重要的意义。如图 6 – 17 所示，将原子层沉积氮化钛与碳纳米薄膜相结合，能够进一步提升金属微波部件单一沉积氮化钛抑制幅度提升的需求，同时能够降低较厚碳材料镀膜导致的电性能劣化。

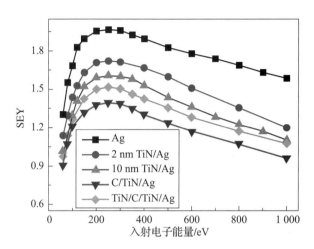

图 6 – 17   氮化钛/碳复合纳米薄膜，SEY 随入射电子能量的变化关系（附彩图）

如图 6 – 18 所示，系统分析一系列不同镀层的银样品，包括厚度为 0、1 nm、2 nm、5 nm、7 nm 和 10 nm 的氮化钛镀层，1 nm 碳/5 nm 氮化钛镀层和 0.5 nm 氮化钛/1 nm 碳/5 nm 氮化钛镀层。对应各样品，其 SEY 最大值分别为 1.95 ± 0.1，1.8 ± 0.1，1.75 ± 0.05，1.68 ± 0.05，1.66 ± 0.05，1.63 ± 0.05，1.43 ± 0.05 和 1.52 ± 0.05。这是因为，氮化钛薄膜的 SEY 小于银和表面部分氧化的氧化银层，而碳纳米薄膜的 SEY 远小于氮化钛，因此 1 nm 的碳镀层能够进一步降低氮化钛镀层的 SEY。

影响微放电阈值的另一关键参数是 E_1，如图 6 – 19 所示。对于上述不同原子层沉积不同镀层的样品，E_1 呈现与 SEY 最大值相反的趋势。对应的 E_1 分别为（35 ± 5）eV、（37 ± 5）eV、（41 ± 5）eV、（52 ± 5）eV、（54 ± 5）eV、（61 ± 5）eV、（69 ± 5）eV 和（63 ± 5）eV。对于 5 nm 氮化钛镀层银样品，SEY 最大值减小幅度为 14%，E_1 值增大幅度为 48%，对于需要大幅提高微放电阈值的微波部件，单一的氮化钛镀层可能难以满足实际应用的需求。在 5 nm 氮化钛镀层外增加 1 nm 碳镀层，SEY 最大值减小幅度为 26%，E_1 约增大为原来的 2 倍。

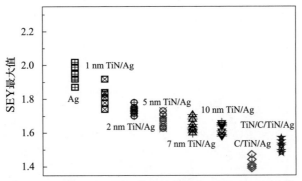

图 6 – 18 原子层沉积不同类型纳米薄膜，表面 SEY 最大值

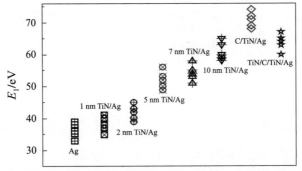

图 6 – 19 原子层沉积不同类型纳米薄膜，对应入射电子能量 E_1 值

对于不同的表面镀层，其环境稳定性是影响工程实际应用的关键要素。将无镀层银基片、10 nm 氮化钛镀层银基片、1 nm 碳/5 nm 氮化钛镀层银基片和 0.5 nm 氮化钛/1 nm 碳/5 nm 氮化钛镀层银基片放置于干燥柜中，分析其 SEY 最大值随时间的变化，如图 6 – 20 ~ 图 6 – 23 所示。比较干燥环境中不同的镀层情况，碳镀层表面 SEY 环境稳定性最高，优于氮化钛镀层和无镀层银基片表面。对于湿度较大的环境，氮化钛会发生部分氧化。

重要的是，相较于常规表面，原子层沉积技术制备的任何一种高质量镀层都有一种独特的优势——较高的薄膜质量和致密度。原子层沉积镀层发生氧化生成的氧化物薄膜更致密，能够缓解和阻止外界水汽对内部材料的持续性氧化和腐蚀，因此对镀膜后的材料具有一定的保护作用。原子层沉积氮化钛镀膜具有优异的耐磨和抗辐照特性，碳镀膜具有极低的 SEY。因此对于不同的应用场景，可选择合适的复合薄膜类型。

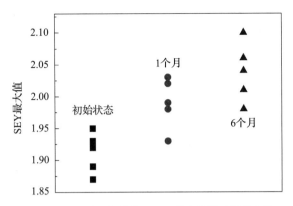

图 6 - 20　无镀层银基片，SEY 最大值随时间的变化

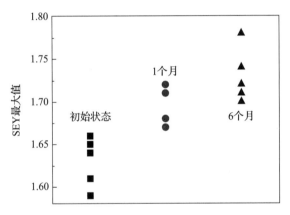

图 6 - 21　10 nm 氮化钛镀层银基片，SEY 最大值随时间的变化

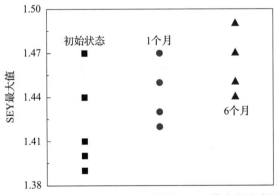

图 6 - 22　1 nm 碳/5 nm 氮化钛镀层银基片，SEY 最大值随时间的变化

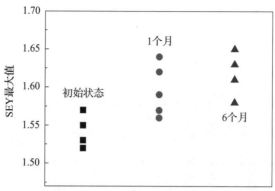

图 6 - 23   0.5 nm 氮化钛/1 nm 碳/5 nm 氮化钛银基片，SEY 最大值随时间的变化

　　微波部件表面石墨烯镀膜能够实现大幅度二次电子可控抑制，但受镀膜方法和转移技术的限制，需要增强石墨烯镀膜与微波部件表面的结合力，以满足航天可靠性的要求。原子层沉积技术因其反应机理，镀膜与基片共价成键，具有极强的镀膜结合力。因此，可利用原子层沉积与石墨烯复合薄膜实现对 SEY 的抑制。原子层沉积薄膜材料要求基片必须有饱和化学吸附性，即基片上要有悬键，能够吸附反应前驱体。研究发现，对石墨烯进行原子层沉积时，由于完美石墨烯内部没有悬键，因此无法在石墨烯面内沉积氧化物介电层薄膜。然而，石墨烯的边缘和缺陷处存在悬键，反应源能够吸附，从而导致在石墨烯表面氧化物有选择性沉积，如图 6 - 24、图 6 - 25 所示。为了尽可能得到最佳质量的沉积薄膜，还要注意：在样品沉积实验前执行一些空循环，将反应源中可能变质的部分清理干净；反应结束取出样品后，执行若干次循环，将系统中的废气排干净，保证系统的清洁。

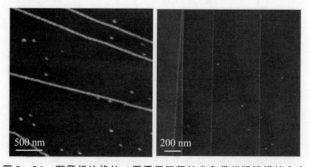

图 6 - 24   石墨烯边缘处，原子层沉积纳米条带增强镀膜结合力

图 6 - 25　原子层沉积 40 个循环，边缘处形成共形纳米结构

　　原子层沉积材料与石墨烯边缘和材料表面共价成键，镀膜结合力极强。研究显示，共价键键能为 $10^2 \sim 10^3$ kJ/mol，不同状态下范德瓦耳斯力为 $10^{-1} \sim 10^1$ kJ/mol，共价成键区域对石墨烯薄膜与表面的结合力提高幅度为 $2 \sim 3$ 个数量级。考虑到是边缘选择性沉积，不是全平面内镀膜结合力均由范德瓦耳斯作用变为共价成键，边缘选择性沉积对石墨烯镀膜结合力有极大的增强。另外，原子层沉积少数几个循环的金属氧化物（或氮化物）在增强结合力的前提下，尽量少地改变石墨烯薄膜表面。通过石墨烯薄膜与原子层沉积薄膜的周期性生长，可实现微波部件表面目标厚度的强结合力石墨烯镀膜。

　　在工程实际中，难以将内部无悬键的石墨烯处理得如此洁净，因此在体系中仅在石墨烯边缘和缺陷处沉积镀膜结合力增强的氧化物等材料是极难实现的。镀膜结合力增强的氧化物等材料的引入，必将一定程度地减小二次电子发射抑制的幅度，研究中要尽可能在实现结合力增强的前提下，开展尽可能少的镀膜结合力增强沉积循环。对于原子层沉积反应，通常是最初的数个循环并未沉积目标反应物，对于不同的反应源、系统设置和反应环境，循环数并不完全相同。研究中，首先选择不同的沉积周期，分别表征分析其在数个至 $10 \sim 20$ 个沉积循环状态下的边缘沉积情况，如图 6 - 26 所示。

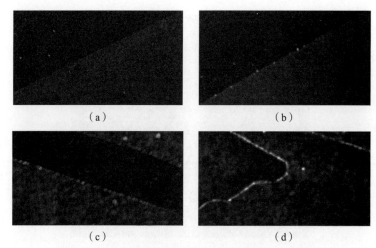

图 6-26　不同原子层沉积循环下石墨烯边缘沉积情况

（a）0 个循环；（b）3 个循环；（c）10 个循环；（d）20 个循环

　　研究结果发现，初始新鲜解离的石墨烯边缘清洁。对于 3 个氧化铝沉积循环的样品，左侧为氧化硅衬底，右侧为双层石墨烯，石墨烯边缘处有极薄的氧化铝沉积。对于 10 个氧化铝沉积循环的样品，石墨烯边缘已经形成约 0.6 nm 厚度的连续氧化铝条带。进一步增加原子层沉积循环数，20 个循环后，边缘选择性沉积氧化铝条带的厚度达到约 1.5 nm。研究中选择 3~5 个周期的原子层沉积循环用于增强石墨烯薄膜的镀膜结合力。实际工程中，综合考虑镀膜结合力增强和二次电子发射抑制幅度的需要，优选不同的原子层沉积循环数。

　　本研究中将原子层沉积镀膜结合力增强处理后的石墨烯应用于微波部件铝合金镀银材料中，分析不同表面处理后的二次电子发射抑制情况。处理过程包含多个步骤：300 nm 氧化层硅基片表面石墨烯生长，转移介质 PMMA 涂胶，HF 酸腐蚀氧化层及去离子水清洗，铝合金镀银基片转移，有机溶剂去胶，近室温氢刻蚀除残胶，原子层沉积结合力增强处理，二次石墨烯转移镀膜及表面洁净处理，如图 6-27 所示。为了实现二次电子发射抑制幅度大和石墨烯镀膜结合力强的有机统一，每次转移镀膜可选择使用不连续或者近连续的多晶石墨烯薄膜，然后在结合力增强处理中选用 3 个循环的原子层沉积氧化铝。根据实际需求，完成不同次数的石墨烯转移和镀膜结合力增强处理过程。为了最大限度地满足二次电子发射抑制幅度的需要，最后步骤均以石墨烯转移镀膜为最终环节来完成表面处理。

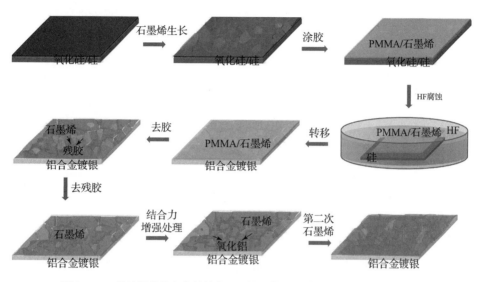

图 6-27　微波部件铝合金材料表面石墨烯转移镀膜过程示意图（附彩图）

采用二次电子发射特性研究平台分析不同处理过程后的铝合金表面，对照样品为铝合金镀银基片，如图 6-28 所示。样品#1 表面经过 2 次石墨烯转移镀膜和 1 次结合力增强处理，SEY 最大值由初始的 1.95 左右减小至 1.4 左右。样品#2 表面经过 3 次石墨烯转移镀膜和 2 次结合力增强处理，SEY 最大值减小至 1.23 左右。样品#3 表面经过 5 次石墨烯转移镀

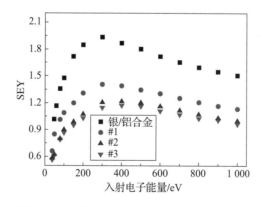

图 6-28　不同表面处理铝合金镀银，SEY 随入射电子能量的变化（附彩图）

膜和 4 次结合力增强处理，SEY 最大值减小至 1.18 左右。由于多次转移镀膜和结合力增强处理过程较为复杂，比较不同处理后的表面，优选合适的处理技术，作为微波部件铝合金镀银基材表面石墨烯镀膜抑制二次电子发射，提高微放电阈值的表面处理方法。

为了尽可能地利用大层间距的弱耦合作用增大二次电子发射抑制幅度，石墨烯转移镀膜的制备选用粗糙度较大（局域粗糙度约 0.2 nm）的氧化硅基片。每次转移镀膜的石墨烯为近连续双层，在氧化硅表面的厚度为 1.2 ~ 1.5 nm。相较于未做结合力增强处理的表面，每次转移石墨烯薄膜，二次电子发射抑制幅度有了一定程度的降低，这是因为极少量氧化铝的沉积增大了表面的 SEY。

假定 α 取值为 0.5、0.7 和 1.0，对于样品#1、#2 和#3，经计算可得微波部件微放电阈值的增幅，如图 6 – 29 所示。比较表面处理情况下的增幅，可以看到随着石墨烯镀膜次数的增加，计算得到的阈值增幅持续快速提高，当开展 5 次石墨烯转移镀膜时，阈值增幅可达到 3 ~ 8 dB。

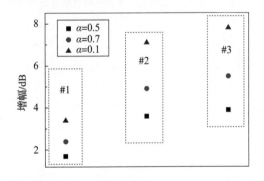

图 6 – 29   不同处理技术后，可提升铝合金镀银微波部件微放电阈值增幅情况

如图 6 – 30 所示，铝合金镀银基片经过石墨烯镀膜处理后，在干燥环境中，表面 SEY 稳定性有了一定程度的提升。这是因为，相较于电镀银，石墨烯薄膜的抗氧化更强。然而，与石墨烯直接镀膜的金属银表面相比较，转移镀膜后的 SEY 稳定性有了小幅度劣化，这是因为，受限于金属表面较大的粗糙度，转移石墨烯无法与银表面实现亚纳米级的共形镀膜。

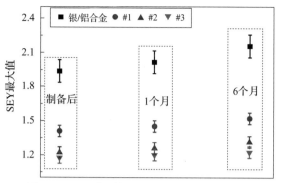

图 6 - 30　干燥环境下 SEY 最大值随时间变化

|6.5　本章小结|

相较于传统的薄膜制备技术，原子层沉积薄膜具有极佳的共形性、面积大、均匀性好、膜厚单原子层级精确可控、生长温度低及结合力强等特点，在空间大功率微波部件微放电阈值提升及二次电子发射抑制等领域具有重要的研究和应用价值。

基于原子层沉积的独特优势，本书介绍了一种简单的基于超薄氮化钛涂层的二次电子发射抑制技术，涂层与基片之间具有较强的结合力。研究中采用等离子体增强原子层沉积技术制备致密的高质量氮化钛薄膜。通过调节原子层沉积循环周期数，可以精确控制薄膜厚度。氮化钛具有耐磨、耐腐蚀和较高电导率的特性，可以采用原子层沉积氮化钛作为低二次电子镀膜的基底。碳材料具有极低的 SEY 和极高的环境稳定性，碳镀层适宜作为低二次电子发射处理技术的最表层镀膜。基于原子层沉积与石墨烯的复合薄膜能实现强结合力镀膜，有助于实现基于石墨烯的大功率微波技术的工程化。

参 考 文 献

[1]　MIIKKULAINEN V，LESKELÄM，RITALA M，et al. Crystallinity of

inorganic films grown by atomic layer deposition: overview and general trends [J]. Journal of Applied Physics, 2013, 113: 021301.

[2] DASGUPTA N P, LEE H B R, BENT S F, et al. Recent advances in atomic layer deposition [J]. Chemistry of Materials, 2016, 28: 1943 – 1947.

[3] GALLAGHER K G, GOEBEL S, GRESZLER T, et al. Quantifying the promise of lithium – air batteries for electric vehicles [J]. Energy Environmental Science, 2014, 7: 1555 – 1563.

[4] SERRO A P, COMPLETO C, COLAÇO R, et al. A comparative study of titanium nitrides, TiN, TiNbN and TiCN, as coatings for biomedical applications [J]. Surface and Coatings Technology, 2009, 203 (24): 3701 – 3707.

[5] SONG F Z, HUANG X P, QI M X, et al. The fabrication of TiN thin film and its inhibition of secondary electron emission properties [J]. Advanced Materials Research, 2015, 1118: 217 – 223.

[6] SUHARYANTO, MICHIZONO S, SAITO Y, et al. Secondary electron emission of TiN – coated alumina ceramics [J]. Vacuum, 2007, 81 (6): 799 – 802.

第 7 章

星载大功率磁性器件及其微放电效应

|7.1　概　　述|

　　基于二次电子倍增的微放电的基本物理过程可描述如下：在均匀单音电磁信号的驱动下，真空中自由、无序的电子获得一定加速并与边界（一般采用平行平板作为等效模型）发生碰撞，若满足一定电磁场相位的电子能够在每次与边界碰撞时持续发射二次电子，且二次电子出射时间与电磁场奇数次半周期反向的时间同步，将导致二次电子随时间谐振倍增，发生微放电效应。此时，将微放电阈值判据定义为导致平均 SEY 为 1 的电磁场输入功率。根据经典理论，欧空局及其下属研究机构提出了作为微放电工业设计和分析标准的敏感曲线。

　　对于介质微放电，由于早期的应用场景主要为高功率磁控管、高功率微波窗等领域，其基本的等效物理模型为射频电场平行于介质表面，电子在电磁场与积累电荷场的作用下反复与同一介质表面发生碰撞，最终导致微放电。对于本书所研究的大功率铁氧体环行器，本章主要讨论射频电场与磁性介质表面垂直条件下的介质微放电演变机理，其基本等效物理模型与单边介质微放电有所不同。

　　基于介质加载平行平板等效物理模型，近年来的最新研究在考虑空间电荷效应的基础上，探讨了微放电演变机理[1-2]、微放电发生时对平行平板电性能和功率的影响[3-4]等。随着计算电磁学的发展，针对磁性介质情况，研究了理想情况下平行平板金属之间填充磁性介质时的微放电随时间演变过程[5]，从理论层面探讨了不同铁氧体厚度下微放电阈值的变化情况。

以上研究具有两个特点：其一在于理论模型的理想化，并不能准确表征实际模式复杂电磁场分布下微放电电子随时间的演变规律；其二在于并未经过实验验证，目前关于磁性微波部件中介质双边微放电的研究均以理论和仿真研究为主，尚未有公开的、系统的铁氧体介质微放电实验验证相关报道。

本章以铁氧体环行器为研究对象，通过对磁性器件的构型选型设计，研究在同时存在金属和铁氧体介质的情况下，空间中自由电子在射频电磁场、积累电荷场和外加静磁场偏置的混合电磁场共同作用下，在具有不同二次电子发射状态的介质/金属材料表面上随时间运动与沉积的情况；探讨不同模式的微放电演变机理、表面电荷积累情况和微放电阈值功率，并进行实验研究。

7.2　单基片大功率铁氧体环行器设计与实现

7.2.1　腔体铁氧体环行器设计方法

本章中采用旋磁铁氧体进行环行器设计，具体为柘榴石型铁氧体。

铁氧体介质是实现射频器件中电磁场单向传输，打破电磁场分布空间对称性的关键。铁氧体波导环行器是利用旋磁铁氧体的磁导率在外加偏置磁场的情况下呈特定张量的特性制作而成的。

环行器又称为环流器，是最基本的微波铁氧体器件。通常的波导环行器是一种三端口的非互易性器件，具有单向传输电磁场信号能量的特性。环行器基于旋磁性铁氧体介质材料特性进行单向电磁场传输，通常采用三

端口设计，实现电磁场在端口之间由 1→2→3 的单向不可逆环行传输，如
图 7-1 所示。针对大功率、低损耗应用场景，本节采用 Y 型结腔体环行器结构进行部件设计。该结构相比于微带环行器、带线环行器等结构，具有功率容量大、传输部分损耗较小的特点。进一步地，为了研究介质微放电过程中铁氧体介质和金属对微放电效应的影响机制，

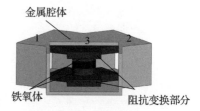

图 7-1　Y 型结腔体环行器结构示意图

采用单基片铁氧体环行器构型。在最强电磁场分布处，既包含铁氧体介质又包含金属，推断其均对微放电效应产生贡献。在本节中，首先对研究对象——单基片铁氧体环行器进行电性能设计，然后研究不同的金属（或介质）二次电子发射特性下单基片铁氧体环行器中微放电电子运动、介质表面电荷积累和微放电阈值功率的异同。

对于铁氧体环行器设计，最重要的在于铁氧体介质材料的选择和铁氧体磁性参数的确定，包括磁导率张量 $\boldsymbol{\mu}$、饱和磁化强度 M_s 和铁磁共振线宽 ΔH 等。

旋磁铁氧体材料在外部静磁场的偏置下呈空间磁导率张量分布，根据 Landau-Lifschitz 方程得到

$$\boldsymbol{\mu} = \begin{bmatrix} \mu & j\kappa & 0 \\ -j\kappa & \mu & 0 \\ 0 & 0 & \mu_0 \end{bmatrix} \tag{7-1}$$

式中，

$$\mu = \mu_0\left(1 + \frac{\omega_{ex}\omega_m}{\omega_{ex}^2 - \omega_0^2}\right) \tag{7-2}$$

$$\kappa = \mu_0 \frac{\omega_0\omega_m}{\omega_{ex}^2 - \omega_0^2} \tag{7-3}$$

$$\omega_{ex} = \gamma B_0 \tag{7-4}$$

$$\omega_m = \mu_0\gamma M_s \tag{7-5}$$

式中，μ_0——真空中磁导率，H/m；

ω_0——环行器中心角频率，rad/s；

γ——旋磁比，$2.21 \times 10^5 \ \mathrm{rad}/(\mathrm{s} \cdot \mathrm{T})$；

B_0——外加偏置静磁场，T。

此时，未考虑铁磁损耗，为理想情况下的磁导率张量。若考虑铁磁损耗，则

$$\omega'_{\mathrm{ex}} = \omega_{\mathrm{ex}} - \mathrm{j} \mu_0 \gamma \frac{\Delta H}{2} \tag{7-6}$$

理论上，根据所选择的铁氧体介质材料特性，确定相关参数，将式（7-1）代入麦克斯韦方程组，采用数值求解，得到旋磁铁氧体环行器的电磁场分布特性。

下面针对铁氧体环行器中关键设计参数进行说明：

1）饱和磁化强度 M_s

旋磁铁氧体基片材料的本征参数和器件的性能有着密不可分的关系。如果铁氧体基片选择不正确，设计制作的器件性能就无法达到预期效果。其饱和磁化强度 M_s 的选择应当使得环行器工作于远离共振磁场区域的低场区域或者是高场区域。工作于低场区的环行器饱和磁化强度 $4\pi M_s$ 应满足

$$4\pi M_s < \frac{f_0}{\gamma - H_A} \tag{7-7}$$

式中，H_A——各向异性场，A/m。

对于工作在大功率条件下的低场器件，$4\pi M_s$ 应尽量选择低一些，这样有利于提高器件承受峰值功率的能力。同时值得注意的是，旋磁片材料的饱和磁化强度与环行器的工作频率成正比关系，即工作频率 f_0 越高，所选择的饱和磁化强度越大。

2）铁磁共振线宽 ΔH、磁损耗 $\tan \delta_m$ 和电损耗 $\tan \delta_e$

决定旋磁铁氧体环行器损耗的因素主要有介质损耗、导体损耗、辐射损耗和反射损耗等。其中，介质损耗主要由铁氧体基片材料引起，表现在磁损耗 $\tan \delta_m$ 和电损耗 $\tan \delta_e$ 两方面。由磁损耗和电损耗带来的器件损耗与 $\tan \delta_m$ 和 $\tan \delta_e$ 成正比，磁损耗 $\tan \delta_m$ 与旋磁片材料的共振线宽 ΔH 成正比。

因此，选择铁氧体基片材料时，应尽量选择 ΔH 和 $\tan \delta_e$ 较小的旋磁片材料。

3）居里温度

铁氧体基片材料的居里温度是影响环行器温度特性的重要参数。在大功率工作条件下，当环行器中铁氧体基片温度达到居里温度时，铁氧体材料由亚铁磁性材料转变为顺磁性材料，环行器失去环行性能。通常情况下，居里温度越高，器件的温度特性越好。对于铁氧体而言，根据材料组分、配比、工艺的不同，居里温度有很大变化。居里温度的高低还与磁性介质烧结形成的晶体结构相关。例如，钕铁硼铁氧体的居里温度在 450 ℃ 左右，温度超过 180 ℃ 的情况下磁性能衰减较大、磁损变大，无法正常使用。

7.2.2　C 频段百瓦级单基片铁氧体环行器设计与实现

本章以铁氧体环行器为研究对象，针对金属和介质材料的二次电子发射特性对微放电的影响关系展开研究，设计 C 频段百瓦级单基片铁氧体环行器。基于电磁仿真商业软件，实现电性能优化。

首先根据工作频段确定腔体端口尺寸，然后根据大功率低场区工作条件确定铁氧体介质材料的介电常数 ε_r 为 13.3、饱和磁化强度 $4\pi M_s$ 为 580 Gs[①]、铁磁共振线宽 ΔH 为 30 Oe[②]，在金属腔体内部采用阶梯变换进行阻抗变换，采用圆柱形铁氧体基片，建立基本的环行器构型。确定铁氧体环行器的基本工作模式为 TM 模式，射频电场矢量的方向垂直于铁氧体基片表面。

此时，外加静磁场偏置方向为垂直于铁氧体表面，如图 7 - 2 所示。外加静态磁偏置的大小通过永磁铁材料尺寸进行调节。在仿真过程中，在铁氧体介质上加载垂直方向的静态磁场偏置 $H_{dc} = 2 \times 10^4$ A/m（对应 $B_0 \approx 0.025$ T），然后对铁氧体环行器进行电性能仿真和优化。基于数值仿真对环行器结构参数进行优化，得到单基片铁氧体环行器结构尺寸如图 7 - 3 所示。

---

① 1 Gs = 10^{-4} T。

② 1 Oe = $\dfrac{1\,000}{4\pi}$ A/m = 79.577 5 A/m。

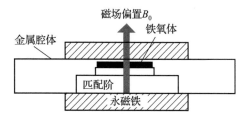

图 7 – 2　单基片铁氧体环行器外加磁场偏置示意图

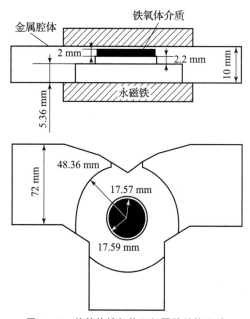

图 7 – 3　单基片铁氧体环行器的结构尺寸

　　为仿真得到的所设计的单基片铁氧体环行器电性能参数，电磁场沿端口 1→2→3 单向传输，仿真结果如图 7 – 4 所示。在工作频段 3.0 ~ 3.4 GHz 的频率范围内，回波损耗 S_{11}、S_{22}、S_{33} 均小于 – 20 dB；电磁波传输路径上插损 S_{21} 和 S_{32} 均小于 0.1 dB；端口间隔离度 S_{31} 小于 – 20 dB（在 3.2 ~ 3.3 GHz 的频率范围内均小于 – 30 dB）。由仿真结果可知，在 C 频段实现了较好的电性能，能够满足后续微放电分析需求。

　　图 7 – 5 所示为工作频率为 3.25 GHz 时铁氧体环行器中空间电场幅度分布。可以看到，电场最强区域分布于铁氧体与金属腔体之间的间隙中，最强场值集中于电磁场传输路径上的铁氧体介质边缘。由仿真结果可知，在输入功率为 1 W 时，本设计环行器最大电场强度为 10^4 V/m 量级。对于

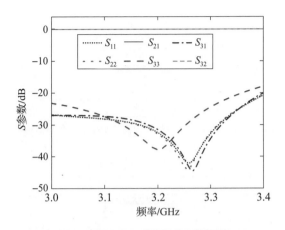

图 7 - 4　单基片铁氧体环行器电性能仿真结果（附彩图）

金属腔体而言，由于腔体壁间距远大于铁氧体介质与金属之间的间距，电场强度远小于最大场强值。

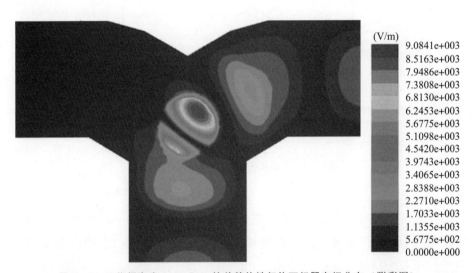

图 7 - 5　工作频率为 3.25 GHz 的单基片铁氧体环行器电场分布（附彩图）

　　对单基片铁氧体环行器进行加工制备，器件实物与电性能测试结果如图 7 - 6 所示。金属腔体采用铝合金基材，铝合金表面镀银厚度为 7 ~ 10 μm。铁氧体介质采用柘榴石型铁氧体。铁氧体介质片越厚，就越有利于增大工作带宽；铁氧体介质片越薄，就越有利于承载大功率和散热。由于本书主要研究微放电分析和抑制，设计数百瓦级大功率微放电阈值功率的环行器时，采用体积较大、形状较薄的铁氧体基片，增强散热性能，同时牺牲一定的工作带宽，进行综合优化设计。采用永磁铁片作为外加磁场偏置，通过调节外加永磁铁片的厚度进行电性能调谐。由于永磁铁片远大于铁氧体介质片，因此可以认为铁氧体介质中外加磁场偏置均匀分布。对比图 7-4 所示的仿真结果和图 7-6 所示的测试结果可知，铁氧体环行器实物测试 S 参数与仿真结果相比，存在约 0.2 GHz 的频率偏移，回波损耗与仿真结果吻合良好，隔离度有一定恶化。值得注意的是，受实际铁氧体介质损耗的影响，所设计环行器在通带内的插损为小于 0.3 dB。

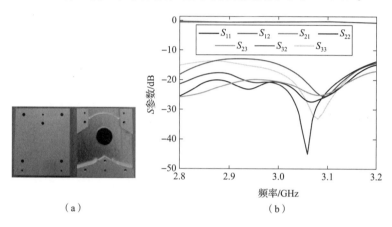

（a）   （b）

图 7-6　单基片铁氧体环行器及其电性能测试结果（附彩图）

（a）器件实物；（b）电性能测试结果

|7.3　微放电电子运动轨迹等效模型研究|

对于铁氧体环行器，由于存在介质表面电荷积累场、外加偏置磁场等，金属–金属双边微放电等效分析模型不再适用，基于高功率介质窗研究对象建立的单边微放电分析模型同样不再适用。针对大功率磁性部件微放电分析，基于物理原理抽象与等效近似，首先建立金属–介质双边微放电等效分析模型，如图 7-7 所示。其中，E_{rf} 为射频时变电场，E_{dc} 为介质表面电荷积累静态场，B_0 为外加偏置静磁场，d 为金属–介质间距。

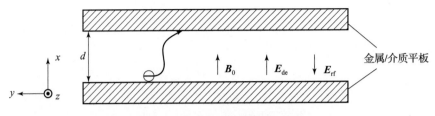

图 7 - 7　双边微放电等效分析示意图

采用两个无限大平行平面物理模型与理想电磁场分布，考虑表面电荷积累、外部偏置场等因素的影响，忽略边缘场效应，在直角坐标系中建立双边微放电电子运动轨迹追踪等效分析模型。电子运动轨迹方程为

$$- m \frac{\mathrm{d} \boldsymbol{v}}{\mathrm{d} t} = e \boldsymbol{E}_0 \sin \left(\omega_0 t + \varphi_0 \right) + e \boldsymbol{E}_{\mathrm{dc}} + e \boldsymbol{v} \times \boldsymbol{B}_0 \qquad (7-8)$$

假设电磁场传输方向垂直于介质表面，则对于工作于 TM 模式的磁性介质微波部件而言，理想情况下的混合电磁场分布如图 7 - 7 所示。假设射频电场为

$$\boldsymbol{E}_{\mathrm{rf}} = E_0 \sin \left(\omega_0 t + \varphi_0 \right) \boldsymbol{x} \qquad (7-9)$$

式中，E_0——射频电场幅度，V/m；

φ_0——射频电场初始相位，V/m。

此时，表面电荷积累场为

$$\boldsymbol{E}_{\mathrm{dc}} = E_{\mathrm{dc}} \boldsymbol{x} \qquad (7-10)$$

外部偏置磁场为

$$\boldsymbol{B}_0 = B_0 \boldsymbol{x} \qquad (7-11)$$

假设电子初始能量为 E_{e}，发射角度与 x 轴的夹角为 α、与 y 轴的夹角为 β，则求解式（7 - 8）得到的电子运动速度分量分别为

$$v_x = v_{x0} - \frac{e E_{\mathrm{dc}}}{m} t + \frac{e E_0}{\omega_0 m} \left(\cos \omega_0 t - \cos \varphi_0 \right) \qquad (7-12)$$

$$v_y = v_{y0} \cos \Omega t - v_{z0} \sin \Omega t \qquad (7-13)$$

$$v_z = v_{z0} \cos \Omega t + v_{y0} \sin \Omega t \qquad (7-14)$$

式中，

$$v_{x0} = \sqrt{\frac{2E_e}{m}} \cos \alpha \qquad (7-15)$$

$$v_{y0} = \sqrt{\frac{2E_e}{m}} \sin \alpha \cos \beta \qquad (7-16)$$

$$v_{z0} = \sqrt{\frac{2E_e}{m}} \sin \alpha \sin \beta \qquad (7-17)$$

式中，Ω——磁场中电子运动的回旋频率，$\Omega = \dfrac{eB_0}{m}$，rad/s。

对电子运动速度进行积分，可得到电子运动轨迹方程。电子在介质平面之间运动时，两次碰撞之间的运动时间可以根据 $\int v\mathrm{d}t = d$ 计算得到。若发生单边放电，则根据电子在垂直介质平面方向上位移为零得到两次碰撞之间的运动时间。

令 $d = 5$ mm 和 $\varphi_0 = 0$，根据式（7-10）~式（7-17）得到在不同的射频电场强度下，从介质表面出射电子与极板碰撞时碰撞能量、碰撞角度和电子运动轨迹随表面电荷积累场强度的变化情况，如图 7-8 ~ 图 7-11 所示，其中 S_x 为电子沿 x 方向的位移。由计算结果可知，在特定的射频电场强度下，空间中电子运动轨迹受表面积累电荷影响，影响程度与表面积累电荷场和射频电场的相对强度有关。

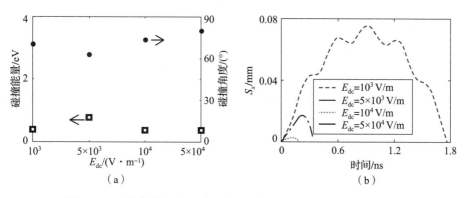

图 7-8　不同电荷积累场下电子与材料表面的碰撞能量、碰撞角度和

电子运动轨迹（$E_{rf} = 10^4$ V/m）（附彩图）

（a）电子碰撞能量、碰撞角度；（b）电子运动轨迹

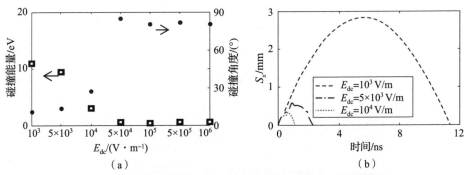

（a）　　　　　　　　　　　　（b）

图 7 - 9　不同电荷积累场下电子与材料表面的碰撞能量、碰撞角度和

电子运动轨迹（$E_{rf} = 10^5$ V/m）（附彩图）

（a）电子碰撞能量、碰撞角度；（b）电子运动轨迹

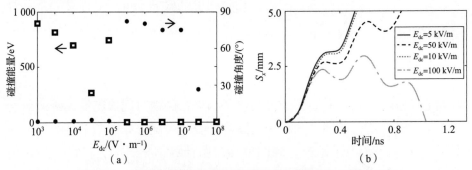

（a）　　　　　　　　　　　　（b）

图 7 - 10　不同电荷积累场下电子与材料表面的碰撞能量、碰撞角度和

电子运动轨迹（$E_{rf} = 10^6$ V/m）（附彩图）

（a）电子碰撞能量、碰撞角度；（b）电子运动轨迹

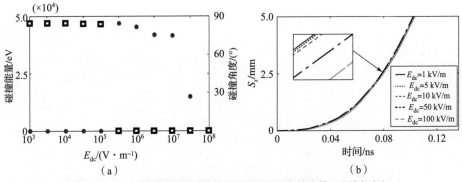

（a）　　　　　　　　　　　　（b）

图 7 - 11　不同电荷积累场下电子与材料表面的碰撞能量、碰撞角度和

电子运动轨迹（$E_{rf} = 10^7$ V/m）（附彩图）

（a）电子碰撞能量、碰撞角度；（b）电子运动轨迹

当射频电磁场电场强度相对较弱（与表面积累电荷场可比拟）时，假设 $|\boldsymbol{E}_{rf}| = 10^4 \sim 10^5 \text{ V/m}$，受表面积累正电荷场的引力影响，出射电子无法渡越磁性部件金属－介质间距，在经过多个射频周期的振荡运动后，与发射平面碰撞。此时，从下极板出射的电子受电磁场力的加速作用和积累电荷场的减速作用，同时在磁场作用下回旋运动。碰撞能量最终取决于加速周期以及电子与极板碰撞的时间，仅为数电子伏特大小，且具有一定的随机性。但是，由于电子获得的加速有限，因此与极板的碰撞能量有限。当介质表面积累正电荷场增加时，电子被迅速拉回发射极板，碰撞能量迅速降低至接近 0。除此之外，电子沿 x 方向的最大运动距离随射频电场的强度增加而变大，碰撞能量亦随之增大。

当 $|\boldsymbol{E}_{rf}| = 10^6 \text{ V/m}$ 时，射频电磁场电场强度足够大，使得电子能够克服表面积累正电荷场的引力影响。在经过数个射频周期的振荡运动后，电子运动到与对面极板碰撞。显然，电子碰撞能量随着表面积累正电荷场 $|\boldsymbol{E}_{dc}|$ 的增大而减小。此时，电子碰撞能量可达数百 eV，超过大部分金属与介质材料第一能量点 E_1，具备发生微放电效应的充分条件。当 $|\boldsymbol{E}_{dc}|$ 增大至约 $0.1|\boldsymbol{E}_{rf}|$ 时，电子无法再渡越金属－介质间距，转而与发射电子的极板碰撞。此时，碰撞能量取决于加速周期中电子与极板碰撞的时间，具有一定的随机性。随着 $|\boldsymbol{E}_{dc}|$ 持续增大，电子被迅速吸收返回发射极板，碰撞能量迅速降低至接近 0。

当 $|\boldsymbol{E}_{rf}| = 10^7 \text{ V/m}$ 且 $|\boldsymbol{E}_{dc}| \leqslant 10^5 \text{ V/m}$ 时，电子在 x 方向获得足够的加速，并在半个周期内迅速与对面极板碰撞。该碰撞能量随着表面积累正净电荷场 $|\boldsymbol{E}_{dc}|$ 的增大而降低，但是降低幅度相对于总的碰撞能量而言非常小。此时，碰撞能量高达数万 eV，远大于大部分金属与介质材料第二能量点 E_2，推断此时微放电效应不再发生。此时，铁氧体介质表面积累电荷场近似为

$$|\boldsymbol{E}_{dc}| = \frac{Ne}{2A\varepsilon_0} \qquad (7-18)$$

式中，N——介质表面积累的总电荷数目；

　　A——介质表面积，m^2；

　　ε_0——真空介电常数。

在微放电演变过程中，随着介质表面入射和发射电子数目的实时变

191

化，E_{dc} 随时间不断变化。

综上所述，当电子不能获得足够的加速而渡越到对面的极板时，在极板间随着电磁场的变换周期进行振荡谐振运动，碰撞能量具有一定的随机性。当电子获得足够的加速并渡越到对面极板时，碰撞能量随着 E_{dc} 的增加而下降。此时，电子首先加速，然后减速，最后与发射极板碰撞。然而，当 E_{dc} 较大，电子无法获得足够的加速到达对面极板时，电子被迅速吸收返回发射极板，碰撞能量迅速降低至接近 0。

如图 7－12 所示，外加磁场的量级远大于射频磁场，对电子轨迹的影响不可忽略。图中，定义 $\Omega_f = \omega_0 \cdot m/e$，以表征电子运动回旋频率与射频磁场的比值。

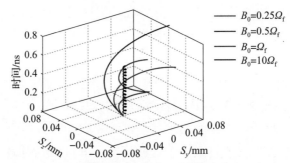

图 7－12　不同静磁场作用下的电子回旋运动轨迹（附彩图）

如图 7－13 所示，当外加静磁场 B_0 由 0 逐渐增加至 $0.25\Omega_f$ 时，受拉莫尔回旋运动的影响，电子在电场中的运动时间变长，运动速度增大，电子与极板的碰撞能量单调递增；当 B_0 大于 $0.25\Omega_f$ 时，电子在极板间的运动周期小于射频电场周期，电子碰撞能量与碰撞角度在有限的范围内随机波动。

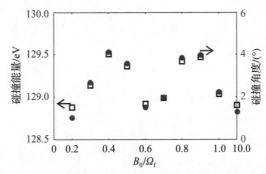

图 7－13　不同静磁场作用下的电子碰撞能量和角度（附彩图）

显然，受实际外加静磁场的大小限制（远小于 1 T），外加磁场对碰撞能量与碰撞角度的影响是有限的。其对电子的主要影响在于横向扩散作用。随着 B_0 的持续增加（远大于 1 T），电子的横向扩散作用逐渐截止，电子甚至在发射极板对面极板的同一位置发生碰撞。此时，由于电子从射频电磁场中获得的加速度远大于二次电子的发射速度，电子沿 x 方向的运动仍然占主导作用。

|7.4　铁氧体环行器微放电粒子模拟方法研究|

7.4.1　微放电电磁场演变与电子运动数值计算

在 7.3 节的等效模型中，分析了混合电磁场分布下服从洛伦兹力的电子运动过程。如图 7 – 14 所示，铁氧体环行器微放电效应不仅涉及电磁场作用下的电子运动，还涉及二次电子发射以及二次电子与电磁场作用的耦合迭代过程。铁氧体环行器微放电三维数值模拟与阈值功率分析对每个物理过程的建模与分析均提出了较高的计算精度要求。对于实际磁性微波部件，解析解的精度不再满足需要，需要求助于数值方法。作为微放电效应数值模拟的基础，首先需要建立铁氧体环行器的三维模型并进行合适的网格剖分，以便进行后续的电磁场计算与电子运动推进计算。

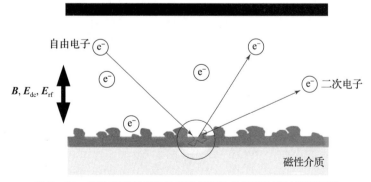

图 7 – 14　磁性微波部件微放电电子与边界作用物理过程示意图

在离散后的网格中根据 FDTD 算法，求解麦克斯韦方程组，得到电磁场随时间与空间的分布：

$$\nabla \times \boldsymbol{E}_{\mathrm{rf}} = -\frac{\partial \boldsymbol{B}_{\mathrm{rf}}}{\partial t} \qquad (7-19)$$

$$\nabla \times \boldsymbol{H}_{\mathrm{rf}} = \boldsymbol{J} + \frac{\partial \boldsymbol{D}_{\mathrm{rf}}}{\partial t} \qquad (7-20)$$

$$\nabla \cdot \boldsymbol{D}_{\mathrm{rf}} = \rho_{\mathrm{v}} \qquad (7-21)$$

$$\nabla \cdot \boldsymbol{B}_{\mathrm{rf}} = 0 \qquad (7-22)$$

式中，$\boldsymbol{E}_{\mathrm{rf}}$——射频电场矢量，V/m；

$\boldsymbol{D}_{\mathrm{rf}}$——电通量密度矢量，C/m^2；

$\boldsymbol{H}_{\mathrm{rf}}$——射频磁场矢量，A/m；

$\boldsymbol{B}_{\mathrm{rf}}$——磁通量密度矢量，Wb/m^2；

$\boldsymbol{J}$——空间中的电流源，A/m^2；

ρ_{v}——空间中的电荷源，C/m^3。

介质材料特性与电磁场分布关系可由本构方程进行表征：

$$\boldsymbol{D}_{\mathrm{rf}} = \varepsilon \boldsymbol{E}_{\mathrm{rf}} \qquad (7-23)$$

$$\boldsymbol{B}_{\mathrm{rf}} = \mu \boldsymbol{H}_{\mathrm{rf}} \qquad (7-24)$$

式中，ε——电磁场所在空间的介质介电常数，F/m；

μ——电磁场所在空间的介质磁导率，H/m。

对于各向同性介质而言，ε 和 μ 为常数，且沿各个方向上的分量相等。对于各向异性介质（如铁磁性介质），ε（或 μ）可表示为张量形式 $\boldsymbol{\varepsilon}$（或 $\boldsymbol{\mu}$），通过式（7-1）~式（7-5）进行计算。

针对磁性介质微波部件，建立边界条件，在 FDTD 算法中采用差分形式实现时间域和空间域的微分计算[6-8]：

$$\frac{\partial F(x,y,z,t)}{\partial t} \approx \frac{F\left(x,y,z,t+\dfrac{\Delta t}{2}\right) - F\left(x,y,z,t-\dfrac{\Delta t}{2}\right)}{\Delta t} \qquad (7-25)$$

$$\frac{\partial F(x,y,z,t)}{\partial x} \approx \frac{F\left(x+\dfrac{\Delta x}{2},y,z,t\right) - F\left(x-\dfrac{\Delta x}{2},y,z,t\right)}{\Delta x} \qquad (7-26)$$

式中，$F(x,y,z,t)$——差分算子，表示式（7-19）~式（7-22）中各矢量分量时间为 t 时在位置（x,y,z）处的值；

Δt——数值模拟时间步长，s；

Δx——单位网格在 x 方向上的长度，m。

然后，在 Yee 网格中采用 FDTD 算法计算得到任意时间步长时任意网格节点上的电磁场分量，随时间推进迭代运算，获得空间中电磁场分布。当网格剖分合理时，计算精度与数值效率可以得到保证。

接下来，根据铁氧体环行器的实际应用情况预定义载波信号，同时在输入端口的网格中进行激励。对于微放电数值模拟而言，与电性能计算不同，载波信号不再采用高斯信号，而是采用周期性单音或多音信号，形如

$$x(t) = \sum_{i=1}^{N} A_i \sin(\omega_i t + \varphi_i) \qquad (7-27)$$

式中，N——输入载波数；

　　　ω_i——第 i 路载波的角频率；

　　　φ_i——第 i 路载波的相位。

采用宏粒子（或粒子）模拟微放电中的初始电子与二次电子，假设每个粒子为 M 个电子的质量与电荷量。

对应于铁氧体环行器中的初始自由电子分布，在铁氧体环行器腔体中真空部分的网格中采用初始粒子进行模拟。初始粒子可根据实际仿真需要设置为随机分布、固定发射等。初始粒子能量的取值范围一般为 0 到数个 eV 之间随机分布，初始相位的取值范围在 0°～180°之间随机分布（0°表示垂直于环行器表面）。由于初始电子在与器件表面碰撞时将消失，因此决定微放电击穿阈值的主要因素为碰撞发射的 SEY 与能量、角度分布。由于初始电子与边界碰撞时的能量和角度决定了出射的二次电子特性，因此需要对初始电子能量和角度分布进行预分析，以实现微放电数值模拟结果收敛。网格节点上的电磁场幅度初始值始终设置为零。

对于自由空间中的电子而言，电子动力学（包括运动速度 $\boldsymbol{v}$ 与运动位移 $\boldsymbol{r}$）服从洛伦兹力方程。由于电子运动速度远低于光速，因此不考虑相对论性。为了与电磁场方程随时间步推进的数学形式保持一致，得到第 n 个时间步时洛伦兹力方程的差分形式为

$$\begin{cases} \dfrac{v^{n+1/2} - v^{n-1/2}}{\Delta t} = \dfrac{e}{m}\left(E_{\mathrm{rf}}^{n} + \dfrac{v^{n+1/2} + v^{n-1/2}}{2} \times B_{\mathrm{rf}}^{n}\right) \\ \dfrac{r^{n+1} - r^{n}}{\Delta t} = v^{n+1/2} \end{cases} \qquad (7-28)$$

任意空间位置粒子处的电磁场值可通过对空间位置所在网格节点上的电磁场值进行插值得到。同时，电子运动对网格中的电磁场演变产生影响，同样采用插值算法将电子运动产生的电荷和电流变化计入电磁场演变，实现电子与电磁场耦合迭代演变数值模拟。

7.4.2　金属与铁氧体 SEE 数值模型与拟合

对于铁氧体环行器而言，其构成材料包括金属和铁氧体。对于铁氧体环行器微放电数值模拟，采用 FDTD 结合 PIC 的方法对电子在电磁场的驱动下在空间中的运动和电子运动对电磁场的影响进行模拟，采用 SEE 模型模拟粒子与材料边界微观作用过程。

SEE 模型不仅描述了电子（入射能量为 E_{in}，入射角度为 θ_{in}）与材料碰撞时出射电子产额 $\delta(E_{in}, \theta_{in})$、能量分布 $d\delta/dE$ 与角度分布 θ，还给出了对二次电子发射产生贡献的材料相关参数以及相应数学表达，是建立微放电数值模拟与阈值分析方法，进行电子轨迹追踪的必需模型。

针对铁氧体环行器的微放电数值模拟与分析，采用二次电子发射唯象模型（或行为模型）对空间中自由电子与环行器表面互作用进行表征，即在仿真过程中忽略粒子与材料表面互作用的微观物理过程。根据粒子运动位移进行判断，当粒子运动到材料表面并发生碰撞时，根据碰撞能量和角度，代入材料表面二次电子发射模型，计算得到出射粒子的产额、能量和角度，进行后续的迭代计算。一旦粒子与材料表面碰撞，则删除入射粒子数据。

本节的研究对象——铁氧体环行器腔体由铝合金镀银材料构成，铁氧体介质材料为柘榴石型铁氧体。如图 7 - 15 所示，针对铁氧体环行器腔体金属材料和铁氧体基片，加工尺寸约为 $10 \text{ mm} \times 20 \text{ mm} \times 1 \text{ mm}$ 的金属银样片与铁氧体样片，采用偏压电流法和收集电流法进行 SEY 测量，垂直入射情况下的测量结果如图 7 - 16 所示。由测试结果可知，铁氧体样片 SEY 最大值 δ_{max0} 为 2.37，对应的入射电子能量 E_{max0} 为 300 eV；银样片 SEY 最大值 δ_{max0} 为 2.0，对应的入射电子能量 E_{max0} 为 200 eV。采用修正后的 Vaughan 模型对 SEY 进行数值模拟，根据金属银和铁氧体二次电子发射特性测量结果对 Vaughan 模型进行拟合，建立铁氧体环行器微放电数值模拟所需的 SEE 数值模型。出射电子能量采用麦克斯韦分布或者 β 分布表征，出射电子角度分布采用经典余弦分布。

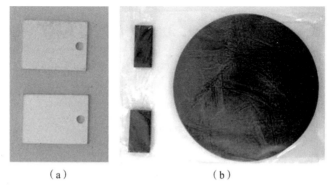

图 7 – 15　铁氧体环行器组成材料样片

（a）银样片；（b）铁氧体样片

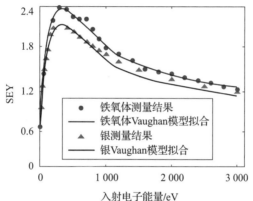

图 7 – 16　铁氧体样片与银样片的 SEY 测量结果与模型拟合结果（附彩图）

7.4.3　铁氧体环行器微放电三维数值模拟

7.3 节通过对铁氧体介质表面电子运动轨迹的解析求解，研究了外加静磁场偏置和表面积累电荷对微放电电子运动轨迹的影响，但是计算精度对于实际铁磁性微波部件的定量微放电分析和阈值研究而言远远不够。因此，本节采用数值计算获得实际铁磁性微波部件内部的电磁场分布，收敛精度达到小于 – 40 dB。研究中结合粒子模拟方法和材料 SEE 数值模型，实施铁氧体环行器微放电效应三维数值模拟，在数值模拟中考虑了铁氧体介质表面的电荷积累和外加磁场偏置的影响。图 7 – 17 所示为铁氧体环行器微放电三维数值模拟流程示意图。

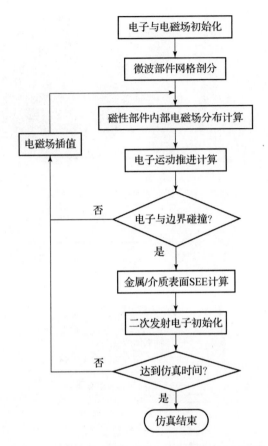

图 7 - 17   铁氧体环行器微放电三维数值模拟流程示意图

相较于金属微波部件，磁性介质微波部件中的电磁场分布具有更强的非均匀性和空间复杂度，因此需要更高的电磁计算收敛精度。一旦获得每个时间步任意网格上的电磁场分量，便能通过插值算法获得任意位置处的电磁场值并对粒子运动进行驱动。外加静磁场偏置的计算，以及磁性介质微波部件磁介质各向异性的分析，均耦合在电磁场数值计算中。对于第 n 个时间步时，收集在介质表面发生碰撞的入射粒子数及出射粒子数，计算该时间步时介质表面积累的电荷数，并利用泊松方程计算。理论上，根据本章中电磁场演变与电子运动的差分表达式（式（7 - 28）），随时间步进行推进，即可得到粒子的运动速度和位移，进而可以对粒子进行驱动。铁氧体环行器微放电数值模拟的主要流程如下：

第 1 步，加载初始粒子，即粒子源。

第 2 步，利用 FDTD 算法更新求解区域内的电磁场分布，获得所有 Yee 网格上的电磁场值。

第 3 步，根据第 2 步获得的电磁场值，插值得到每个粒子所在位置处的电磁场值。

第 4 步，根据式（7 - 28），对粒子进行驱动。

第 5 步，判断粒子是否通过金属/介质边界，若通过，则利用二次电子发射模型激发新的二次粒子。

第 6 步，粒子运动将产生电流，利用插值原理将电流分配到各个棱边。

第 7 步，将产生的电流作为源引入麦克斯韦方程。

第 8 步，重复第 2 ~ 7 步，直至达到仿真终止条件。

7.4.4　微放电阈值分析仿真实例

针对铁氧体环行器微放电数值模拟，将仿真时间在时间域上离散成均匀时间步长 Δt，将环行器模型及整体计算区域在空间域上离散成非均匀六面体网格，随时间步长推进计算，得到一定输入功率条件下铁氧体环行器电磁场分布以及粒子运动状态随时间的演变情况。根据不同的输入功率下计算区域中粒子（或二次粒子）数目随时间的变化趋势，判断铁氧体环行器发生微放电效应的阈值功率。

首先对传统金属微放电阈值功率的判定方法进行介绍。图 7 - 18 所示为工作于 C 频段（中心工作频率 f_0 为 3.8 GHz）的 5 阶阻抗变换器的对称结构在不同输入功率下计算得到的空间中总粒子数目随时间变化的趋势。

在数值模拟的初始化阶段，在阻抗变换器最窄间距处的真空区域均匀设置 10^5 个初始粒子。初始粒子的能量和角度分布如前所述。

当电磁场计算稳定后，粒子在电磁场的驱动下在微波部件内部以一定速度随机扩散，直至与边界发生碰撞，被吸收或者产生二次电子发射。在微放电尚未发生的起始阶段（通常小于数十个射频周期 T_{rf}，$T_{rf} = 1/f_0$），大部分初始粒子被边界吸收，仅在电磁场加速后具有一定能量且满足一定相位效应的粒子能与电磁场相位变化同步。将此现象

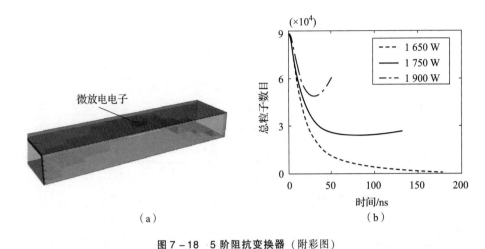

（a）

图7-18 5阶阻抗变换器（附彩图）

（a）对称结构的三维模型；（b）计算区域中总粒子数目随时间变化的趋势

定义为微放电电子谐振效应，且二次电子发射周期 N_s 与电磁场相位变化周期 N_{rf} 同步，$N_s = n_i N_{rf}$，其中 n_i 为每两次碰撞之间射频电磁场反向的次数，即微放电的阶数。

   对于不存在谐振的阻抗变换器，当输入功率低于 1 650 W 时，经历数个周期（通常远大于 100 个射频周期）的相位选择后，总粒子数目持续衰减，将不能建立起微放电过程。与此相反，当输入功率足够大（大于 1 750 W）时，粒子数目将呈指数增长，这意味着将发生二次电子雪崩效应，最终导致微波部件中的微放电击穿。因此，根据计算空间中总粒子数目随时间的变化趋势，可以推断微放电阈值功率为 1 750 W。值得注意的是，受限于每次仿真时采用的输入功率的步进步长，采用该方法推断得到的微放电阈值精度有限。例如在本例中，由于每次仿真输入功率的步进值为 10 W，则仿真得到的微放电阈值功率精度为 ±10 W。

   对于强谐振、具有强非规则结构（或微细结构）的微波部件（如滤波器），电磁场变化较为剧烈，计算空间中的初始粒子随时间的离散效应并不明显。在尚未积累足够多的二次电子、微放电效应尚未建立的起始阶段，在空间随机加载的初始粒子需要较长的时间才能使得不满足微放电谐振条件的粒子完全被边界吸收。在此过程中，若有部分粒子已经建立微放电谐振条件，发生固定周期的二次电子发射及倍增，则总粒子数目呈先上升后下降的趋势。此时，若微放电数值模拟时间不够长，就会发生微放电阈值的误判。

图 7 - 19（a）所示为脊波导滤波器三维模型，微放电数值模拟频率为 3.9 GHz，腔体金属材料为银。发生微放电时，电子在特定脊波导与腔体壁之间的空间聚集。显而易见的是，此时空间中其他脊波导处仍有初始粒子未被完全吸收。图 7 - 19（b）所示为脊波导滤波器计算区域中总粒子数目随时间变化的趋势。当输入功率为 536 W 时，总粒子数目呈现先上升后缓慢下降的趋势。此时，若仿真时间不够长（$\leq 100 T_{\mathrm{rf}}$），则出现对微放电阈值功率的误判，而实际上积累的粒子中一部分为初始粒子，一部分为初始粒子与边界碰撞后产生的不会发生倍增的二次电子，另一部分才是最后对二次电子倍增产生贡献的二次电子。其中，初始粒子与边界碰撞后产生的不会发生倍增的二次电子会随着数值模拟时间的增加而逐渐被边界吸收。

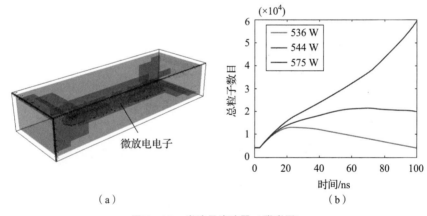

（a）   （b）

图 7 - 19 脊波导滤波器（附彩图）

（a）三维模型；（b）计算区域中总粒子数目随时间变化的趋势

基于以上研究与判断，本节针对具有强谐振或非均匀性的微波部件微放电阈值判定方法进行讨论，提出了一种基于平均 SEY 进行判定的方法。其基本思路为：在数值模拟过程中随时间步记录总粒子数，也记录产生的二次粒子数，然后进行数值滤波处理。由于银的最大 SEY $\delta_{\mathrm{max}0}$ 为 2.2，即每次碰撞得到的 SEY 在 0 ~ 3 之间，随入射能量不同呈现较大的随机性分布，无法直接进行判断。此时，对二次电子数目进行均值滤波，将记录得

到的每个时间步 Δt 时总的 SEY 按照每 m 个时间步求平均。对于最后 m 个时间步的总 SEY，按照每 $(m_{\max} - i)\Delta t$ 求平均，其中 $m_{\max}$ 为仿真最大时间步，i 为最后 m 个时间步中的第 i 个时间步。

由此，得到该脊波导滤波器在输入功率为 536 W 和 544 W 时的平均 SEY 随时间变化的趋势，如图 7-20 所示。显而易见，在滤除了初始粒子的影响后，根据平均 SEY 易于判断该输入功率下是否发生二次电子倍增效应。当输入功率为 536 W 时（图 7-20（a）），平均 SEY 持续下降，不会发生微放电；当输入功率为 544 W 时（图 7-20（b）），平均 SEY 随时间变化趋势几乎保持不变，SEY 曲线斜率约为零，可判定此时的输入功率为微放电功率阈值。

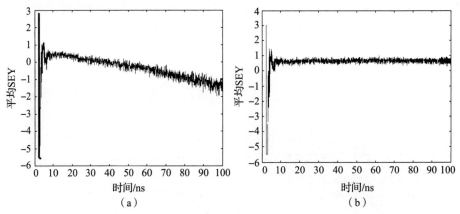

图 7-20　不同输入功率下脊波导滤波器平均 SEY 随时间变化的趋势

（a）536 W；（b）544 W

得到总的二次电子数目作数值滤波的曲线（图 7-19（b））后，进一步根据平均 SEY 曲线随时间变化趋势（图 7-20）进行微放电阈值功率判断。

当输入功率一定时，在仿真时间达到 $100T_{\mathrm{rf}}$ 后，取 N_{p} 个时间步的平均 SEY N_1，然后取后 N_{p} 个时间步的平均 SEY N_2。若 $N_2 > 1.1N_1$，则认为发生微放电；若 $N_1 \leqslant N_2 \leqslant 1.1N_1$，则认为该输入功率为微放电阈值功率；若 $N_1 > N_2$，则认为不发生微放电。

相比于基于总粒子数进行微放电阈值判定而言，该方法屏蔽了初始粒子及其随机分布的影响，准确度更高。

|7.5　铁氧体环行器微放电三维数值模拟与阈值分析 |

　　本节介绍 C 频段单基片铁氧体环行器微放电三维数值模拟与阈值分析。C 频段单基片铁氧体环行器的具体尺寸见图 7-3。如前所述，本书中为了对微放电数值模拟方法和二次电子发射特性对大功率磁性器件的微放电特性进行研究，设计了一种低场 Y 型结大功率腔体铁氧体环行器。环行器腔体采用上下腔体结构方式，单片旋磁铁氧体基片嵌入腔体，永磁体嵌入上下磁屏蔽环内后嵌入金属腔体外部，使用 U 形磁路板将磁屏蔽环压在腔体内，上下腔体、U 形磁路板通过螺钉连接为一体。

　　对于该铁氧体环行器，设置微放电数值模拟的工作频率为 $f_0 = 3.0\ \text{GHz}$，最小剖分尺寸为 0.2 mm，初始电子密度为 30/mm³。铁氧体的介电常数 ε_r、饱和磁化强度 M_s 和共振线宽 ΔH 分别为 13.3、580 Gs、30 Oe。对于微放电数值模拟，时间步长设置为 0.00075 ns。

　　不同输入功率下总粒子数目随时间变化曲线如图 7-21 所示。根据总粒子数目随时间变化曲线，判断铁氧体环行器的微放电阈值为 458 W。根据粒子数目随时间变化曲线，观察可知铁氧体环行器中微放电电子随时间变化趋势与金属微波部件相比存在显著不同。对于金属微波部件，当不存在强谐振结构且输入功率足够大时，经过数十个射频周期的相位选择作

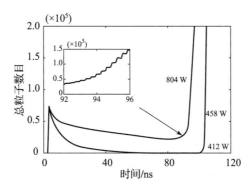

图7-21　铁氧体环行器中不同输入功率下总粒子数目随时间变化曲线

用，电子数目随时间呈指数增长，迅速倍增放电；当存在强谐振结构时，初始电子需要更长时间的相位选择，总电子数目呈先上升后下降的趋势，这是电子在非均匀场下的离散作用与随机碰撞发射引起的。铁氧体环行器微放电的初始电子与二次电子经历了数百个射频周期的相位选择过程，仅在很少的数量范围内发生倍增。一旦倍增，电子数目急剧增加，在纳秒时间范畴内雪崩击穿。在建立起二次电子倍增过程后，电子谐振倍增的周期仍满足 $N_s = n_i N_{rf}$，其中 n_i 为每两次碰撞之间射频电磁场反向的次数，通常是大于零的奇整数。

如图 7-22 所示，采用平均 SEY 进行微放电阈值判定。可以看到，当输入功率为 458 W 时，平均 SEY 随时间先保持动态平衡，然后在超过数百射频周期的演变后，动态平衡被破坏，二次电子迅速倍增。对于微放电电子谐振倍增效应，相位选择过程是一种基本的物理机制。对于规则结构的行波无谐振微波部件（如阻抗变换器、脊波导滤波器或者微带线结构），当施加单音载波信号时，通过前述研究可以通过电子（或二次电子）在指数倍增和指数倍减之间的谐振态进行微放电阈值判断，其相位选择过程持续数十个射频周期。对于具有较高结构复杂度或较强谐振的微波部件，在整个计算区域中初始粒子需要经历较长的吸收和消散时间，相位选择时间相应延长。7.4 节提出了基于二次电子发射均值滤波的微放电阈值判断方法。但是对于介质微波部件，尤其是铁氧体环行器而言，以上判断准则均受到一定限制。

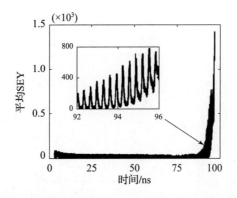

图 7-22　铁氧体环行器中当输入功率为 458 W 时平均 SEY 随时间变化曲线

如图 7 - 22 所示，前几百个射频周期中平均 SEY 的持续下降并不会导致最终不激励起微放电效应。与此相反，去掉初始粒子的影响后，平均 SEY 仍呈现一定动态平衡状态下先下降后上升的趋势，并在足够长的演变时间后呈现剧烈的上升趋势。由此推断，相较于金属微放电，部分磁性介质微放电中初始粒子与边界碰撞后产生的二次电子发射中仅有很少一部分贡献到最终的二次电子倍增效应中，大部分二次电子在多次碰撞后仍会被充分吸收。仅当满足谐振倍增条件的二次电子经历长时间的相位选择后，能够迅速建立起二次电子倍增效应，导致微放电击穿效应。对于本章中研究的 C 频段单基片铁氧体环行器而言，二次电子谐振周期 $N_s \approx 0.33$ ns。因此，在该环行器中发生一阶微放电，微放电阶数 $n_i = 1$。在此器件中，介质微放电仅在微放电电子经历了足够的相位选择过程，建立了合适的谐振倍增条件后发生。

如图 7 - 23 所示，在微放电数值模拟过程中记录粒子位置随时间变化情况，可以观察到粒子仅在非常小的局部区域（相对于工作波长而言）发生倍增，与总粒子数目变化趋势保持一致，具有非常苛刻的相位选择条件。推断认为，与金属微放电相比，介质微放电更不易发生，需要满足更多影响因素、更复杂激励机制的相位选择条件，一旦发生则在局部区域，将迅速积聚大量电子，耗散热量，甚至造成器件损坏。

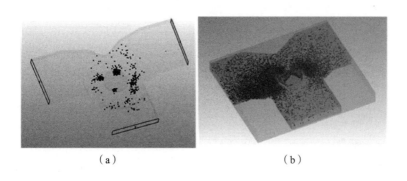

（a）　　　　　　　　　　　　（b）

图 7 - 23　铁氧体环行器微放电电子聚集效应三维图（附彩图）

（a）相位聚集效应；（b）二次电子倍增效应

|7.6　铁氧体环行器微放电实验验证|

　　微放电实验是对大功率微波部件微放电机理研究、数值模拟结果进行验证的重要技术手段。目前，国际上开展空间大功率射频微波技术研究的宇航机构及其支持下的高校、研究院所均配备了微放电实验装置，如中国空间技术研究院、美国密歇根大学 LAM 课题组和欧空局等。由于电子的体积、电量和质量都非常小，同时受量子效应约束，目前尚无法对真空中的微放电电子进行逐个追踪与测量，只能通过大量电子在空间中聚集运动所表现出的宏观特性进行观测与测量。目前，国际上最常用的宏观微放电测量方法分为以下四种：

　　（1）基于微放电对微波部件宏观电性能的影响进行检测，如功率调零信号检测法。

　　（2）基于电子探头的微放电检测。

　　（3）基于微放电造成非线性的二次谐波检测。

　　（4）基于光电倍增效应的光学检测。

　　对于功率调零信号检测法，通过功率耦合使得被测件的功率对反射功率调零，被测件的反射功率经过耦合器耦合到调零电桥上，前向传输信号也加到调零耦合器上，再经过相移器和可变衰减器调到零状态。这种方法对于金属和介质微波部件均适用，但是只能够观察放电状态已经建立起来、空间等离子体（或放电电流）对测试回路电性能产生影响之后的放电状态，不能检测到微放电起始状态和电子浓度较小时的微弱放电响应。与此同时，微放电的时间检测精度取决于调零信号的采集时间精度，往往只能达到微秒（甚至毫秒）量级，也就意味着纳米级的微放电及自熄灭过程很难（甚至无法）被测试系统捕捉到。但是，功率调零方法仍是目前应用最为广泛的微放电检测方法，由于充分考虑了微放电对器件电性能的影响，且不需要对微波部件进行特殊设计或进行破坏性试验，以及系统的可实现性、稳定性，功率调零信号检测法不失为一种适用性广的微放电检测工程方法。

电子探头微放电检测系统可用于空间中自由电子累积倍增的测量，通过在真空腔体中加载电子探头进行初始电子浓度和放电后电子浓度的测量，根据采用的电子探头不同，最小测量电子浓度变化可达 $10^3/s$，比功率调零信号检测法能够检测到更为微弱的放电效应。这种检测方法的缺陷在于两方面：一方面，不适用于表面放电机理的放电检测，如介质表面发生电荷积累以及内带电放电；另一方面，为了加载探头，需要对待测件进行特殊设计，使得电子探头能够伸入待测件且不对待测件的电性能产生影响，同时不会引发额外的放电导致测试出错，而这对于部分腔体微波部件而言是几乎不可能实现的。

二次谐波检测也是一种全局检测技术，是目前所用的最常见的工程方法之一，可用于检测同轴元件等复杂结构微波部件微放电（此时光学检测和电子探头检测不再适用），同时可以检测期间内部出现的无源互调。检测原理在于微放电所引起的非线性，二次谐波低电平变化并沿着环路向两边传播。检测时，先消除基频，然后通过频谱仪测试特定的谐波特性。扫描时间不能过短，否则可能导致丢失短暂的放电现象。

基于光电倍增器的光学检测通过检测在微放电期间曝光的照片实现，微放电既可能是由于材料表面放电，也可能是由于真空系统中存在的残余气体分子的电离。光纤放置在微波部件的内部，并尽可能接近放电区域。光学检测对于腔体器件而言，具有与电子探头测试方法同样的特殊设计和测试困难。

本书统一采用基于高真空测试系统与微波功率调零信号检测法的全局微放电测试方法与系统进行实验验证与研究。

如图 7 - 24 所示，基于微波功率调零法的全局微放电测试系统包括真空腔、信号放大回路、功率前后向耦合线路和信号收集与检测设备。将待测部件（device under test，DUT）放置在真空腔中，连接相应的检测线路，进行抽真空准备工作。当真空度足够低（一般在 10^{-3} Pa 左右）时，开始微放电测试。对于单载波微放电测试，首先设置信号频率和初始功率，然后观测调零信号的变化，若调零信号在半小时内不发生变化，则判定为该功率下不发生放电。按照步进功率增加输入功率继续测量，直至调零信号发生跳变或抖动，认为发生微放电。

图 7 - 25 所示为图 7 - 3 对应的铁氧体环行器实物。采用三组同样设计、材料和加工工艺的铁氧体环行器开展微放电数值模拟实验验证研究。

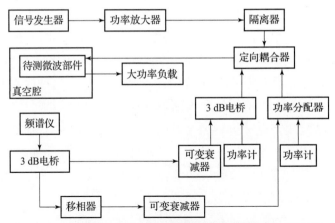

图 7-24 基于微波功率调零信号检测法的全局微放电测试系统

图 7-25 三组铁氧体环行器测试样件

环行器微放电测试的基础气压为 6.65×10^{-3} Pa。随着输入功率的增加，当发生微放电时，调零信号发生明显跳变，并用频谱分析仪进行捕获。由于单电子轨迹的不确定性，无法对几个 eV 的电子轨迹进行直接测量。同时，在测量过程中不同环行器样件的微放电阈值功率呈现一定的离散性。这主要由样件表面状态、环境等因素的异同引起，在其他微波部件的微放电测试中已被观察到。

图 7-26 所示为发生微放电后，再进行半小时的功率实验后拆分开的铁氧体环行器内部情况。显而易见，微放电发生在铁氧体与金属腔体之间的区域，尤其发生在电磁场传输路径上的铁氧体边缘位置，与微放电三维数值模拟显示的放电位置结果一致。在铁氧体表面和金属腔体表面形成了明显的放电痕迹，且放电痕迹比金属微放电更为剧烈，从而验

证了仿真中介质微放电一旦发生，电子急剧倍增导致存在局部放电的物理现象，甚至由于放电过于剧烈导致了破坏铁氧体材料表面形貌和铝合金腔体的镀银层的现象。

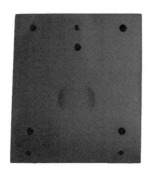

图 7 - 26　铁氧体环行器发生微放电后分拆件

铁氧体环行器微放电阈值功率仿真结果与实验结果对比如表 7 - 1 所示，铁氧体环行器微放电数值模拟结果与实验结果吻合良好，说明本章所述数值模拟方法能够用于铁氧体环行器微放电三维仿真与阈值分析，在一定程度上验证了仿真方法的有效性。

表 7 - 1　铁氧体环行器微放电阈值功率仿真结果与实验结果对比

器件	仿真阈值功率	实验值	相对误差
铁氧体环行器	458 W	380 W，400 W，400 W	0.8 dB，0.6 dB，0.6 dB

关于仿真准确度的研究，需要在进一步的工作中采用更多频段、结构形式的器件进行验证。

7.7　基于不同表面微结构与 SEE 特性的微放电模拟研究

二次电子发射特性是影响大功率微波部件微放电阈值最为关键的因素之一。本节从磁性器件的基本组成材料——金属与铁氧体的二次电子发射特性出发，通过数值模拟和实验研究揭示微放电演变过程中金属与铁氧体材料的二次电子发射特性对铁氧体环行器表面电荷积累、微放电电子演变和微放电阈值功率的影响规律。

7.7.1　平滑表面金属－平滑表面介质微放电数值模拟

对于图7-3所示的单基片铁氧体环行器，加工时金属腔体的材料采用铝合金镀银。采用传统机械加工实现腔体制备，采用电化学镀银工艺实现铝合金表面镀银制备。金属银表面粗糙度 R_a 为 0.8 μm，厚度为 7 μm；由于镀银层厚度远大于入射电子与材料表面作用厚度，因此当考虑二次电子发射特性时，将金属腔体的材料视作银。铁氧体基片采用传统高温烧结和表面研磨工艺制备，表面粗糙度 R_a 为 1.6 μm。

采用与铁氧体环行器金属腔体和铁氧体介质材料同样的加工和制备工艺，在加工过程中同批次制备 10 mm × 20 mm × 1 mm 的铝合金镀银样片与铁氧体样片，以研究材料的二次电子发射特性。

基于 2.2 节中所介绍的 UHV 腔体二次电子发射平台，采用偏置电流法和收集电流法对加工制备得到的平滑表面铝合金镀银样片和平滑表面铁氧体样片进行 SEY 测量，测试结果如图7-16所示。平滑表面铁氧体介质表面最大 SEY δ_{max0} 为 2.68，对应的入射电子能量 E_{max0} 为 280 eV，第一能量点 E_1 为 30 eV；平滑表面金属银表面最大 SEY δ_{max0} 为 1.93，对应的入射电子能量 E_{max0} 为 300 eV，第一能量点 E_1 为 50 eV。

采用修正 Vaughan 模型对铁氧体介质二次电子发射测量结果进行拟合，采用 Furman 模型对金属银二次电子发射测量结果进行拟合，采用 7.4 节所介绍的粒子模拟方法对具有平滑表面金属和平滑表面铁氧体介质的 C 频段单基片铁氧体环行器进行微放电数值模拟。

首先，建立平滑表面金属－平滑表面介质微放电中电子运动示意图，如图7-27所示。其中，射频电场的

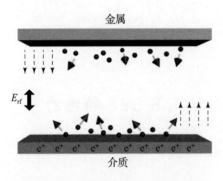

图7-27　平滑表面金属－平滑表面介质
微放电中电子运动示意图

方向垂直于金属和介质表面。铁氧体环行器工作于 TM 模式。当电子从所施加的电磁场中获取足够的能量时，与金属或铁氧体介质产生碰撞，发生二次电子发射。根据图 7 - 16 中平滑表面金属银和平滑表面铁氧体的 SEY 特性曲线，其 SEY 最大值均远大于 1。由此推断发生微放电时，平均每次碰撞的 SEY 大于 1，对于铁氧体介质而言将积聚大量的正电荷，在介质表面形成正电势 $\varPhi_p$。当电子入射到铁氧体介质表面时，受到正电势 $\varPhi_p$ 的吸引作用，入射能量增大为

$$E_{in} \leftarrow E_{in} + \varPhi_p \qquad (7-29)$$

当电子出射时，同样受到正电势的吸引作用，出射能量减小为

$$E_{out} \leftarrow E_{out} - \varPhi_p \qquad (7-30)$$

若出射能量 E_{out} 小于 0，则此时二次电子被表面束缚，不再出射。因此，表面积累的正电荷对于 SEE 和微放电有一定的抑制效果，已在第 3 章中具有微结构的介质表面二次电子发射仿真分析中得到验证。与此同时，受吸引力作用回到表面的电子对表面正电荷进行中和，直到表面电势达到振荡平衡，并在输入功率足够大时最终发生微放电。此时可以推断，与传统的金属微放电模式不同，电子不再规律地谐振倍增，而是受到表面电荷积累状态的影响，形成动态变化条件下的微放电演变过程。

为了进一步研究介质表面电荷积累与微放电演变过程的影响关系，采用 EM - PIC 数值模拟方法对图 7 - 27 所示的平滑表面铁氧体环行器进行微放电数值模拟与分析。微放电数值模拟频率为 3.25 GHz，功率步进值为 10 W。微放电数值模拟主要包括以下算法流程：电子动力学计算、金属与介质表面碰撞信息处理、介质表面电荷积累、电磁场（包含时变电磁场、电荷积累场和外加磁场偏置）演变推进计算和微放电阈值功率判定。

如图 7 - 28（a）所示，采用 EM - PIC 方法获得平滑表面铁氧体环行器中不同输入功率下平均 SEY 随时间变化情况，以及不同输入功率下介质表面电荷积累量随时间变化情况。根据 7.4 节中基于铁氧体环行器微放电数值模拟的阈值分析方法，采用平均 SEY 对铁氧体环行器阈值功率进行判定。在数值模拟中通过记录材料表面电子的入射和出射情况，定义平均 SEY 为每个时间步出射的总 SEY 除以边界上入射和吸收的总粒子数目。当微放电发生时，平均 SEY 远大于 1，意味着总粒子数目随时间雪崩倍

增，导致图 7 – 28 所示的微放电电子演变趋势。此时，平均 SEY 的数量级（～10）远小于空间中总粒子数目的数量级（～10^5）。

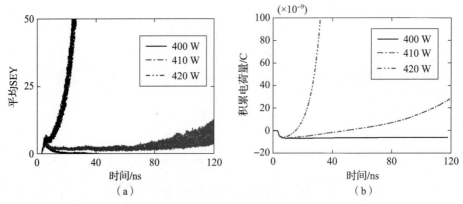

图 7 – 28 平滑表面铁氧体环行器中变化情况（附彩图）

（a）平均 SEY 随时间变化曲线；（b）铁氧体介质表面积累电荷量随时间变化曲线

对于平滑表面铁氧体环行器而言，根据平均 SEY 随时间变化趋势判定微放电阈值功率为 410 W。当输入功率 $P < 410\ W$ 时，粒子在电磁场中未获得足够的加速，平均 SEY 小于 1 且持续减少，不发生微放电。当输入功率 $P = 410\ W$ 时，粒子在电磁场中获得足够的加速，在一定的射频周期内，碰撞吸收的粒子数与出射的粒子数保持动态平衡，平均 SEY 约等于 1。此时，经历了一定射频周期的相位选择后，仅有满足一定相位条件的粒子能够持续与边界碰撞并出射二次电子，最终发生微放电。可以看到，相较于金属微放电，铁氧体环行器中电子的相位选择过程较长，远大于 100 个射频周期。这是由于铁氧体环行器器件结构复杂，电磁场分布非均匀性强，部分初始粒子在获得加速后与铁氧体的边界碰撞并反复产生二次电子发射，但这些出射的二次电子并不最终参与谐振倍增过程，经历较长时间的碰撞后最终被边界吸收。当输入功率 $P > 410\ W$ 时，电子从电磁场中获得足够的加速，并在较短时间内发生谐振倍增，平均 SEY 在数十 ns 的时间范围内急剧增加。

不同输入功率下铁氧体介质表面积累电荷随时间变化情况如图 7 – 28（b）所示。其中，表面积累电荷量为

$$Q = \int \left(I_C(t) - I_E(t) \right) \mathrm{d}t \qquad (7 – 31)$$

式中，$I_C(t)$——在数值模拟中从介质表面收集的电流，A；

　　　$I_E(t)$——在数值模拟中从介质表面出射的电流，A。

对于平滑表面铁氧体环行器，当输入功率 $P < 410$ W 时，不发生微放电。此时，自由空间中的初始粒子在电磁场的作用下与金属和铁氧体介质边界发生碰撞，并在数值模拟起始阶段（$\leqslant 10$ ns）在介质表面积累一定量负电荷。随着负电荷的持续积累，达到动态饱和状态，对入射的电子产生排斥作用，表面负电荷不再增加，达到一定量级的负电位。输入功率 $P = 410$ W 时，为发生微放电的阈值功率。随着输入功率的增加，入射电子能量增大至大于铁氧体介质的第一能量点，则从铁氧体表面出射电子。若入射电子能量大于铁氧体介质的第一能量点而小于金属的第一能量点，则大量电子从铁氧体表面出射，积累正电荷。因此，铁氧体介质表面首先积累负电荷，在经历一定时间的初始粒子相位选择后，介质表面平均 SEY 大于 1，逐渐积累正电荷，并随着二次电子持续倍增表面，表面正电势不断增大。当输入功率 $P > 410$ W 时，在铁氧体环行器中发生微放电，铁氧体表面的负电荷被快速中和，并迅速积累正电荷。

因此，对于平滑表面铁氧体环行器而言，此时发生较长相位选择过程的双边微放电。在数值模拟起始阶段，介质表面短暂积累负电荷。金属与介质表面 SEY 最大值均远大于 1，当输入功率足够大时，从金属表面与介质表面均大量发射二次电子，介质表面随时间变化最终积累正电荷。

7.7.2　平滑表面金属 – 具有微结构表面介质微放电数值模拟

进一步研究表面 SEE 对介质微放电演变过程的影响，以及铁氧体环行器中发生介质微放电时可能不同的演变机制。基于前面章节所述研究结果，在铁氧体环行器中介质表面构建微米尺度的具有一定深宽比的圆柱形微结构阵列，对介质表面出射的二次电子形成束缚作用，降低铁氧体介质表面 SEE，研究强二次电子发射金属表面与弱二次电子发射介质表面条件下的微放电形成过程。

如图 7 – 29 所示，通过在铁氧体介质基片表面形成具有一定深宽比的圆柱形微结构，降低介质表面二次电子发射。圆柱形微结构的半径约为 $100~\mu m$，深度约为 $350~\mu m$，孔隙率为 50%。采用 UHV 二次电子发射平台对具有微结构的铁氧体样片进行 SEY 测量，并与平滑表面铁氧体样片 SEY 测试结果进行对比。此时，铁氧体表面最大 SEY δ_{max0} 由 2.68 降低至 1.58。与平滑表面金属银相比，具有微结构表面最大 SEY δ_{max0} 比平滑表面金属银低 0.4，第一能量点 E_1 高 5 eV。

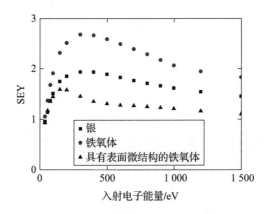

图 7-29　不同材料 SEY 测量结果

当电子从电磁场中获取足够的能量并产生二次电子发射时，根据图 7-29 中构成铁氧体环行器中双边结构的金属银和具有微结构铁氧体介质的 SEY 曲线可知，此时金属表面 SEE 较"强"，而介质表面 SEE 较"弱"。平滑表面金属 - SEE 抑制表面介质微放电中电子运动示意图如图 7-30 所示，二次电子主要从金属表面出射，介质表面出射二次电子较少并积累负电荷，对从金属出射并在电磁场中获得加速的电子形成排斥力。

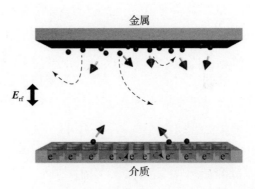

图 7-30　平滑表面金属 - SEE 抑制表面介质微放电中电子运动示意图

采用修正 Vaughan 模型结合测试结果对具有微结构表面铁氧体介质 SEE 特性进行模型拟合，采用 Furman 模型结合测试结果对金属银 SEE 特性进行模型拟合，采用 EM – PIC 数值模拟方法对具有微结构表面铁氧体基片环行器进行微放电数值模拟。如图 7 – 31 所示，采用 EM – PIC 方法获得具有平滑表面金属和微结构表面铁氧体介质环行器中不同输入功率下平均二次电子发射随时间的变化情况，以及不同输入功率下介质表面电荷积累量随时间的变化情况。如图 7 – 31（b）所示，自由空间中随机分布的初始粒子在电磁场的作用下与金属和铁氧体介质边界发生碰撞，并在数值模拟起始阶段（≤10 ns）在介质表面积累一定量负电荷。如图 7 – 31（a）所示，当输入功率逐渐增大至将发生微放电的阈值功率时（790 W ≤ P ≤ 800 W），电子获得加速并与金属表面以能量 E_{in} 碰撞。此时，对于具有微结构的铁氧体介质而言，电子碰撞速度 E_{in} 受到表面积累的负电荷的微扰而降低。虽然具有微结构铁氧体介质表面最大 SEY 大于 1，但相较于金属而言，SEY 仍处于较低的数值，从金属发射的电子无法从铁氧体表面激励出足够多的二次电子。越来越多的电子积累在介质表面，使得 E_{in} 进一步降低，使得铁氧体表面积累负电荷呈现动态平衡的趋势。此时，介质表面积累的负电荷不仅将低能电子排斥回发射表面，同时导致了铁氧体表面更低的 SEY。随着入射功率增大至 P ≥ 800 W，从金属发射的二次电子数目急剧倍增，并在介质表面积累大量负电荷，最终在金属表面呈现动态单边微放电状态。

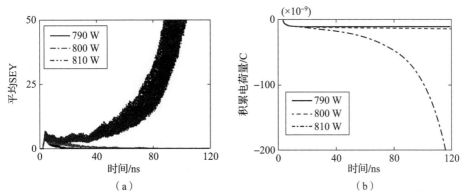

图 7 – 31　具有平滑表面金属和微结构表面铁氧体介质环行器（附彩图）

（a）平均 SEY 随时间变化曲线；（b）铁氧体介质表面积累电荷量随时间变化曲线

对于铁氧体环行器微放电阈值功率数值模拟，采用的步进功率为 10 W。当电磁场传输进入工作在真空条件的环行器时，宏粒子从电磁场中获得加速，并与铁氧体或金属边界发生碰撞。当与金属碰撞时，若碰撞能量大于 E_1，则平均 SEY 大于 1，大量的二次电子出射。当与铁氧体介质碰撞时，由于铁氧体表面的弱二次电子发射特性破坏了金属 – 介质双边微放电条件，从金属表面碰撞出射的二次电子在电磁场的加速作用下到达铁氧体介质表面时，受铁氧体表面积累初始负电荷影响，受到一定的减速作用，发射的 SEY 远小于同等条件下从平滑表面出射的 SEY。因此，如图 7 – 31（a）所示，当输入功率 $P < 800$ W 时，平均 SEY 小于 1 且持续减少，不发生微放电。当输入功率 $P > 800$ W 时，粒子在电磁场中获得足够的加速，使得在一定的射频周期内金属表面的 SEY 远大于在介质表面吸收的二次电子数，吸收的粒子数与出射的粒子数保持动态平衡的条件下谐振倍增，平均 SEY 大于 1，发生微放电。此时，根据平均 SEY 随时间变化的趋势判断具有平滑表面金属和微结构表面铁氧体介质环行器的阈值功率为 800 W。

相比于平滑表面铁氧体环行器而言，数值模拟结果显示，具有微结构铁氧体表面环行器的微放电阈值从 410 W 提高至 810 W，提高了约两倍（3 dB）。根据微放电演变过程与电荷积累情况的分析可推断，微放电阈值的提高主要由铁氧体表面二次电子发射特性的改变（尤其是 E_1 的增大）引起。此时，要从材料中激发约为 1 的平均 SEY，需要更高的入射电子能量。对应地，需要更高的电磁场功率。因此微放电阈值功率得到一定范围的提升。

如图 7 – 32 所示，为对应于图 7 – 28（a）和图 7 – 31（a）的具有不同表面状态铁氧体环行器中平均 SEY 的总粒子数目。如图 7 – 33 所示，当输入功率为 1 000 W 时，随着空间中总粒子数目随时间呈指数增加至数量级为 ~10^{15} 时，微放电电子趋向于饱和。其中，第一组表示平滑表面铁氧体环行器；第二组表示具有微结构表面铁氧体 – 平滑表面金属环行器。

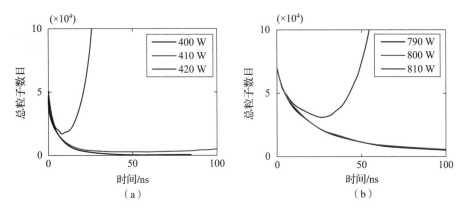

图 7 - 32 当输入功率不同时，具有不同表面状态的铁氧体环行器中

总粒子数目随时间演变（附彩图）

（a）平滑表面铁氧体环行器；（b）具有微结构表面铁氧体 – 平滑表面金属环行器

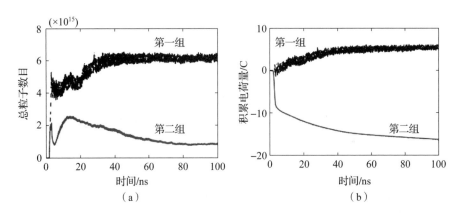

图 7 - 33 当输入功率为 1 000 W 时，具有不同表面状态的铁氧体环行器中

总粒子数目与积累电荷量情况

（a）总粒子数目随时间演变；（b）介质表面电荷积累

如图 7 - 32 所示，当总粒子数目持续增长达到 10^5 数量级时，在环行器中发生微放电。当器件中发生微放电后，继续模拟电子在空间中的运动和总粒子数目、介质表面电荷积累量随时间变化趋势。进一步地，通过设置初始粒子包含的电子质量和电荷量的不同，数值模拟总粒子数目达到 10^{14} 数量级以上时的微放电电子饱和效应。对于金属微放电而言，饱和效应主要由空间电荷效应引起；对于介质微放电而言，微放电电子饱和作用由积累电荷场、射频电磁场、电子互斥作用、电子与电磁场耦合作用等物理效应共同作用引起。如图 7 – 33（a）所示，对于平滑表面环行器（第一组）而言，随着时间增加，总粒子数目趋向于饱和，达到动态平衡；对于具有微结构铁氧体的环行器（第二组）而言，随着时间增加，总粒子数目先指数上升，达到一定数量级后，逐渐减少，呈现自衰减趋势。如图 7 – 33（b）所示，对于第一组环行器，在铁氧体介质与金属间发生持续双边微放电，铁氧体介质表面持续积累正电荷，并逐渐达到饱和；对于第二组环行器，初步推断受介质表面积累负电荷影响，对微放电中电子谐振倍增过程形成扰动，最终破坏电子倍增条件，使得发生微放电后总粒子数目逐渐减少。

7.7.3 具有微结构金属 – 具有微结构介质微放电数值模拟

进一步研究表面 SEE 对微放电演变过程的影响，以及铁氧体环行器中发生介质微放电时可能的不同演变机制。在铁氧体介质表面和金属表面均构建微米尺度的具有一定深宽比的微结构阵列，对材料表面出射的二次电子形成束缚作用，降低介质和金属表面二次电子发射，研究弱二次电子发射特性下微放电演变过程与微放电阈值功率的变化情况。

通过在金属和铁氧体介质表面均形成微结构阵列，分别采用偏压电流法和收集电流法对其 SEY 进行测量，测试结果如图 7 – 34 所示。此时，微结构的半径约为 100 μm，深度约为 350 μm，孔隙率为 0.5。测试结果表明，相较于平滑表面金属，具有微结构金属银表面最大 SEY δ_{max} 由 1.93 降低至 1.06，第一能量点 E_1 从 50 eV 提高至 200 eV。与具有微结构的金属银相比，具有微结构的铁氧体表面最大 SEY δ_{max0} 高 0.52，第一能量点 E_1 低 140 eV。

具有微结构金属与介质中微放电电子运动示意图如图 7 – 35 所示。随着输入功率的增加，电子获得足够的加速，二次电子首先从具有微结构的铁氧体介质材料表面出射。此时，受具有微结构表面金属较高的第一能量点影响，几乎没有二次电子从金属表面出射。在介质表面随时间积累较少量的正电荷。随着输入功率的进一步增加，仍然很难从金属表面激发二次电子，无法形成微放电电子谐振倍增路径，从而不发生微放电。微放电阈值大幅度提升。

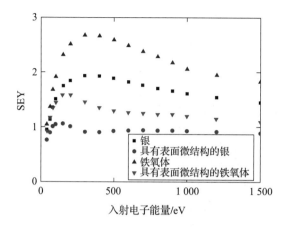

图 7-34　具有微孔结构的银样片和铁氧体样片 SEY 测量结果（附彩图）

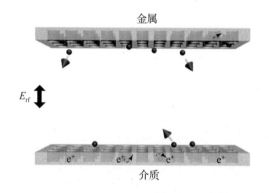

图 7-35　SEE 抑制表面金属 - 介质微放电电子运动示意图

　　采用修正 Vaughan 模型结合测试结果对具有微结构表面铁氧体介质和具有微结构金属银 SEE 特性进行模型拟合，采用 EM - PIC 数值模拟方法对具有微结构表面铁氧体基片环行器进行微放电数值模拟。由于在金属和铁氧体表面二次电子发射均被有效抑制，微放电阈值大幅度提高，从 410 W 增大至大于 4 000 W。这是因为，对于具有微结构金属银表面，最大 SEY 约等于 1，这意味着非常高的第一能量点。随着输入功率的增加，电子始终不能从材料表面激励足够的二次电子，从而抑制了微放电的发生。数值模拟结果表明，具有一定深宽比和孔隙率的表面微结构不仅能对介质表面二次电子发射产生抑制作用，还能抑制介质微波部件中微放电效应的发生，大幅度提高器件微放电阈值功率。

|7.8 基于不同表面微结构与 SEE 特性的微放电实验研究|

如图 7 - 36 所示，分别加工和制备三组具有不同表面状态和表面二次电子发射特性的铁氧体环行器。第一组为铁氧体环行器原样，金属和铁氧体介质表面均保持机械加工的粗糙度。金属腔体基材为铝合金镀银，采用普通机械加工工艺和电化学镀银工艺，镀银厚度为 7 ~ 10 μm，表面粗糙度 R_a 为 0.8 μm；铁氧体为柘榴石型多晶铁氧体材料，采用普通研磨工艺，表面粗糙度 R_a 为 1.6 μm。第二组铁氧体环行器通过激光刻蚀，在铁氧体表面构建具有一定深宽比和孔隙率的微结构阵列，以降低铁氧体表面二次电子发射特性。圆柱形微结构的半径约为 100 μm，深度约为 350 μm，孔隙率为 0.5。第三组铁氧体环行器通过激光刻蚀，在金属银表面和铁氧体表面均构建具有一定深宽比和孔隙率的微结构阵列（深宽比和孔隙率与第二组相同），以降低金属和介质表面二次电子发射特性。

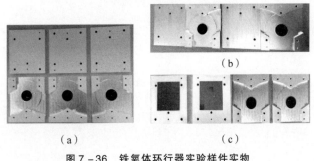

图 7 - 36 铁氧体环行器实验样件实物

（a）第一组；（b）第二组；（c）第三组

如图 7 - 37 (a) 所示，为平滑表面铁氧体的三维微观形貌图像。采用三维激光扫描显微镜（LSM，Keyence VK - 9700）获得表面的起伏形貌和 LSM 图像。与平滑表面金属相比，平滑表面铁氧体由于高温烧结而具有一定的表面起伏和孔隙，表面粗糙度（1.6 μm）略大于平滑表面银（0.8 μm）。如图 7 - 37 (b) 所示，通过高温激光刻蚀的方法在铁氧体介质表面形成圆柱形微结构阵列，其微观形貌与 LSM 图像显示了圆柱形半径约为 100 μm，深度约为 350 μm。将平滑表面和制备的微结构铝合金镀银腔体、平滑表面和制备的微结构铁氧体分别进行装配，得到三组环行器样件，并进行永磁铁装配和电性能调试。

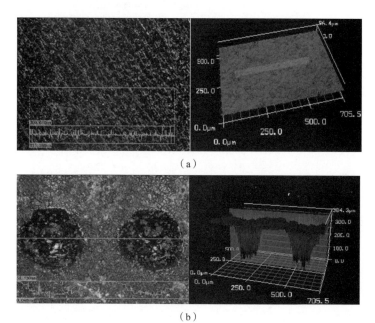

（a）

（b）

图 7 - 37　铁氧体介质样片表面形貌（附彩图）

（a）原样；（b）制备表面微结构阵列

如图 7 - 38 所示，采用矢量网络分析仪（Agilent Technologies，N5230A）对三组铁氧体环行器的电性能进行测试，测试结果如图 7 - 39 所示。可以看到，在材料表面形成微米级的微结构阵列用于调控表面二次电子发射特性时，具有微结构表面的第二组和第三组铁氧体环行器的电性能与平滑表面环行器相比保持一致，影响可以忽略。这是因为，铁氧体基片表面积相对于环行器腔体而言较小，铁氧体表面阻抗变化较小，同时微米级的微结构尺寸远小于环行器工作波长，对电磁场的影响作用可忽略。在金属表面加工微米级的微结构阵列时，对铁氧体环行器的插损产生一定影响，插损增加量约为 5%。这是因为，金属表面大面积加载微结构时，会对表面阻抗产生影响，进而影响电性能，但仍在环行器正常工作范围内。三组环行器在通带内均保持了良好的回波损耗与隔离特性。

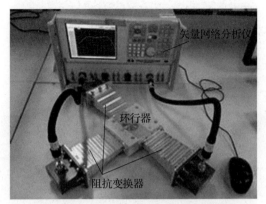

图 7-38 铁氧体环行器电性能测试组装

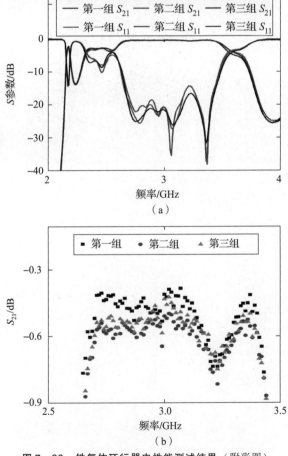

图 7-39 铁氧体环行器电性能测试结果（附彩图）

（a）S参数；（b）S_{21}

　　采用全局正反向功率调零法进行微放电测试和实验。对于铁氧体环行器待测件，实际实验系统装配如图 7 - 40 所示。为了保证良好的真空度，在进行微放电测试前抽真空 12 h 以上，实验时腔体内真空度为 6.65 × 10^{-3} Pa。采用平均功率计（Agilent E14419B）测试线路中耦合回路的功率，测试速率为 1 000 次/s，即每 1 ms 采集一次功率。根据对铁氧体环行器的数值模拟过程可知，在数百纳秒的时间范畴会建立起微放电过程。要在 1 ms 的数据采集系统中测得微放电引起的射频信号恶化、功率反射和调零信号跳变，此时已建立起持续微放电过程，意味着测得的微放电阈值大于实际的微放电阈值。为了抵消由全局微放电测试方法引起的测量准确度误差，设置测试输入功率增加步长为 10 W，与数值模拟步进功率保持一致，同时在测量时设定半小时的测试保持时间，即在半小时内未测得任何调零信号的变化或跳变，才判定该输入功率下不发生微放电。此时，微放电实验测试精度为 ±10 W。

图 7 - 40　铁氧体环行器微放电实验系统装配

　　对于第一组铁氧体环行器的第一个样件而言，当输入功率为 370 W 时，在半小时的微放电保持时间内未观测到调零信号的跳变与抖动，判定不发生微放电；当输入功率为 380 W 时，在半小时的微放电保持时间内观测到调零信号的跳变，如图 7 - 41（a）所示。此时调零信号功率电平从 -62 dBm 提高至 -58 dBm。判定此时为微放电阈值，即对于第一组铁氧体环行器微放电阈值功率为 380 W。然后，保持微放电状态半小时，拆卸后观察得到第一组环行器表面状态变化如图 7 - 41（b）所示。电子在空间中的雪崩效应导致的微电流在金属表面和铁氧体介质表面均产生了烧蚀痕迹，验证了微放电数值模拟中在平滑介质 - 金属之间馈入 TM 模式电磁场时发生的双边微放电物理现象与电子动力学的演变机制。对于第一组铁氧体环行器的第二个样件，受表面沾污、氧化、气体吸附等可能因素影响，微放电阈值功率测试值为 400 W。与第一个样件相比，微放电阈值功率差异为 5%。

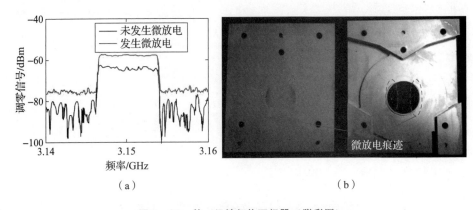

（a）

（b）

图 7 - 41　第一组铁氧体环行器（附彩图）

（a）微放电调零信号跳变示意图；（b）微放电痕迹

对于第二组铁氧体环行器的第一个样件，当输入功率为 790 W 时，在半小时的微放电保持时间内未观测到调零信号的跳变与抖动，判定不发生微放电；当输入功率为 800 W 时，在半小时的微放电保持时间内观测到调零信号的抖动，如图 7 - 42（a）所示。此时调零信号功率电平从 -65 dBm 提高至 -60 dBm，判定此时为微放电阈值，即对于第二组铁氧体环行器而言，微放电阈值功率为 800 W。然后，保持微放电状态半小时，拆卸后观察得到第二组环行器表面状态变化如图 7 - 42（b）所示。电子在空间中的雪崩效应导致的微电流仅在铁氧体介质表面产生了烧蚀痕迹，且烧蚀痕迹远不如第一组平滑表面铁氧体环行器中明显，验证了微放电数值模拟中在平滑表面金属与 SEE 抑制表面之间馈入 TM 模式电磁场时发生的单边微放电物理现象与电子动力学的演变机制。对于第二组铁氧体环行器的第二个样件，微放电阈值功率测试值为 800 W，与第一个样件保持一致。

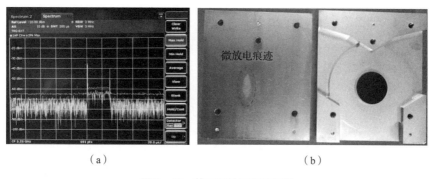

（a）　　　　　　　　　　　（b）

图 7 - 42　第二组铁氧体环行器

（a）微放电调零信号跳变示意图；（b）微放电痕迹

　　对于第三组铁氧体环行器而言，当输入功率达到测试系统的功率容量上限 2 600 W 时，仍不发生微放电。如图 7 - 43（a）所示，当输入功率为 2 611 W 时，保持半小时，入射信号未发生抖动，微放电调零信号未发生抖动和跳变，第三组环行器中不发生微放电。拆卸后观察可知，第三组环行器表面状态不发生任何改变。

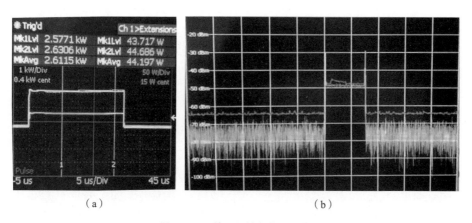

（a）　　　　　　　　　　　（b）

图 7 - 43　第三组铁氧体环行器

（a）入射信号与反射信号功率；（b）微放电调零信号

　　根据数值模拟平均 SEY 随时间变化趋势和实验测试，得到三组具有不同表面状态和二次电子发射特性的铁氧体环行器微放电阈值功率，如表 7 - 2 所示。

表7-2　不同表面状态铁氧体环行器微放电阈值功率数值模拟与测试结果对比

环行器	数值模拟阈值/W	实验值/W
第一组	410	380，400
第二组	800	800，800
第三组	>4000	>2600，>2600

对于第一组环行器，根据平均 SEY 随时间变化曲线预测其微放电阈值功率为 410 W，相较于两个样件的微放电实验测试值 380 W 和 400 W，预测误差分别为 -0.3 dB 和 -0.1 dB，数值模拟结果与实验结果吻合良好。对于第二组环行器，在整片铁氧体介质基片的表面（表面积为969.33 mm²）制备微结构阵列，实现了 SEE 的有效调控，提高了 E_1，降低了最大 SEY 与全能量段的二次电子发射。根据平均 SEY 随时间变化曲线预测其微放电阈值为 800 W，与此同时两个样件的微放电实验测试值均为 800 W，数值模拟结果与实验结果吻合良好。对于第三组环行器，在铁氧体介质表面和金属腔体盖板表面（微结构总表面积为 10^4 mm²）构建微结构阵列实现了 SEY 的有效降低，提高了 E_1，降低了最大 SEY 与全能量段的二次电子发射。根据平均 SEY 随时间变化曲线预测其微放电阈值远大于 4 000 W，与此同时两个样件的微放电实验测试值均大于 2 600 W，受限于微放电测试系统的功率容限，未测试到环行器的真实阈值功率。与此同时，电子在空间中的雪崩效应导致的微电流在铁氧体介质表面和金属表面均未产生烧蚀痕迹。

针对铁氧体环行器中发生的微放电效应，当仅对铁氧体介质基片进行表面处理和加工形成微结构时，微放电阈值从传统机械加工表面环行器的400 W 提高至 800 W，在数值模拟和实验测试中均得到验证。推断认为是铁氧体表面二次电子发射第一能量点的提高和最大 SEY 的降低，导致电子需要从电磁场中获取更多的能量发生倍增，从而带来微放电阈值的提高。当对铁氧体介质和金属表面均进行表面处理和加工形成微结构时，微放电阈值从传统机械加工表面环行器的 400 W 提高至高于 2 600 W，在数值模拟和实验测试中均得到验证。推断认为是金属表面的微结构导致了SEY 的大幅度降低、第一能量点的提高，导致二次电子很难出射，从而大幅度提高了微放电阈值。进一步地，介质表面积累电荷不仅对电子入射能量形成了扰动，当积聚到一定量级后，也将对微放电演变过程中的电子运动过程和放电路径产生影响。

|7.9　本章小结|

本章数值模拟了铁氧体环行器中具有不同表面状态和表面二次电子发射特性时的微放电演变过程和电子运动轨迹的变化，并采用表面处理和微结构加工开展了实验研究与验证。通过数值模拟研究了基于 SEE 特性调控的磁性微波部件微放电混合模式机理，揭示了不同表面二次电子发射条件下存在的介质 – 金属双边微放电、介质 – 金属单边微放电中电子演变、累积、倍增和饱和的演变过程；通过构建 SEE 特性与复杂结构介质微放电效应之间的敏感性关系，讨论了多影响因素下介质微放电的产生机理。

参 考 文 献

[1] KISHEK R，LAU Y Y. Interaction of multipactor discharge and RF circuit [J]. Physical Review Letters，1995，75（6）：1218.

[2] KISHEK R A，LAU Y Y. A novel phase focusing mechanism in multipactor discharge [J]. Physics of Plasmas，1996，3（5）：1481 – 1483.

[3] KISHEK R A，LAU Y Y. Multipactor discharge on a dielectric [J]. Physical Review Letters，1998，80（1）：3198 – 3200.

[4] KISHEK R A，LAU Y Y，ANG L K，et al. Multipactor discharge on metals and dielectrics：historical review and recent theories [J]. Physics of Plasmas，1998，5（5）：2120 – 2126.

[5] GONZÁLEZ – IGLESIAS D，GÓMEZ Á，GIMENO B，et al. Analysis of multipactor RF breakdown in a waveguide containing a transversely magnetized ferrite [J]. IEEE Transactions on Electron Devices，2016，63

（12）：4939 – 4947.

［6］ TAFLOVE A，HAGNESS S C. Computational electrodynamics：the finite – difference time – domain method ［M］. 2nd ed. Norwood，MA：Artech House，2000.

［7］ LI Y，CUI W Z，ZHANG N，et al. Three – dimensional simulation method of multipactor in microwave components for high – power space application ［J］. Chinese Physics B，2014，23（4）：048402.

［8］ 李韵，崔万照，张洪太，等 . 星载大功率复杂微波部件微放电效应数值模拟 ［J］. 中国空间科学技术，2017，37（2）：73 – 80.

第 8 章

新型铁氧体环行器设计方法

8.1　概　　述

本书介绍了基于粒子模拟方法的大功率铁氧体环行器微放电三维数值模拟、阈值分析方法，以及基于不同设计、材料和工艺的微放电抑制方法与实现技术。第2章和第3章中对不同表面状态下材料的二次电子发射特性进行模拟与分析，第4~6章讨论了微放电抑制的新方法与新技术，第7章研究了具有不同表面状态和二次电子发射特性的铁氧体环行器微放电演变过程中表面电荷积累、微放电电子运动轨迹、二次电子谐振倍增过程和微放电阈值功率的差异。在此基础上，本章进一步探索新型铁氧体环行器的设计方法。

8.2　基于光子晶体的太赫兹铁氧体环行器设计方法研究

旋磁性铁氧体在微波频段得到广泛应用，构成了环行器、隔离器、微波开关等电磁传输不可逆器件，实现了特殊的电磁性能。在前面的章节基于航天器大功率磁性器件应用领域，研究了大功率铁氧体环行器中材料表面二次电子发射特性、表面状态对二次电子发射特性的影响、微放电数值模拟方法、介质微放电演变机理和基于表面处理、石墨烯、原子层沉积等技术的微放电抑制新方法与新技术，为更大功率、更优性能的航天器系统设计提供了基础数据、分析方法与技术途径。

在本节中，针对更高频率——亚毫米波至太赫兹频段的电磁传输不可逆性能实现，介绍基于光子晶体的新型铁氧体环行器设计，为磁性器件的研究提供新的方案与潜在应用。

太赫兹频段具有比微波频段高 1～4 个数量级的带宽特性和相对于光波波段较高的能量转换效率，在超高速空间通信、医学成像、安全检查等领域具有重要应用[1-2]。对于太赫兹通信系统，电磁传输不可逆器件是不可缺少的关键性元器件，在发射通道回波功率的隔离、收发共用系统的功率隔离等方面起到重要作用。电磁传输不可逆元器件通常基于各向异性介质电磁特性进行设计和实现，使得电磁场的传输沿特定方向进行。

目前，太赫兹相关研究主要围绕太赫兹源、太赫兹波探测和控制展开。随着电磁技术（尤其是半导体工艺）的进一步发展，基于电磁技术的太赫兹器件研究得到广泛的关注与长足发展。2012 年，Shalaby 等[3]基于光学法拉第效应提出了电磁传输不可逆环行器，相对带宽达到 10%。但是该器件结合了铁氧体块材，具有较大的体积，为空间三维结构，不适用于平面系统。光子晶体的概念最初由 John[4]于 1987 年提出，类比于固体物理中天然分子晶体的概念，采用周期性排列的金属（或介质）形成电磁场在特定范围内的局限性传输作用。可以采用薛定谔方程求解周期性势场中的光子运动，也可基于麦克斯韦方程组求解周期性结构中的电磁场分布。Smigaj 等[5]基于磁性光子晶体开展了光学频段的环行器研究，Fan 等[6]于 2012 年探索基于光子晶体的太赫兹频段平面环行器。但是受限于铁磁性介质的损耗特性和光子晶体的损耗，该环行器仅在点频处具有隔离特性，而且传输特性较差，无法在实际太赫兹系统中应用。

本节基于三维光子晶体波导形成损耗较小的太赫兹导波结构，在此基础上对铁氧体介质材料进行结构优化，形成电磁场的定向传输，从而构造太赫兹环行器。同时，通过对各项电磁性能参数进行优化，获得最优的电磁场性能，实现太赫兹频段的电磁场环行设计。

8.2.1 光子晶体太赫兹波导

如图8－1所示，在二维空间中采用介质柱周期性排列形成光子晶体。在光子晶体中介电常数 $\varepsilon_r(r)$ 呈现周期性分布：

$$\varepsilon_r(r) = \varepsilon_r(r + A) \tag{8－1}$$

式中，A——介质柱排列周期，m。

将式（8－1）代入麦克斯韦方程组，数值求解可得到光子晶体中空间任意位置处的电磁场分布。数值求解方法可采用时域有限差分（FDTD）法或有限元方法（finite element method，FEM）。类比于固体物理中的晶体结构，通过特殊设计，在光子晶体中将呈现电磁场的周期性局域势场，从而产生电磁场传输带通或带阻特性。

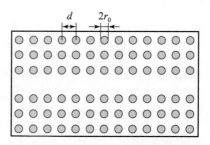

图8－1　光子晶体波导三维结构示意图

图8－1所示为方形排列周期性介质硅柱构成的光子晶体结构，图8－2所示为等边三角形排列周期性介质柱。硅的介电常数为 $\varepsilon_{r1}=$ 11.9，通过周期性排列，电磁场被多层介质柱衰减，起到电磁屏蔽作用，在介质柱中间的真空区域传输。

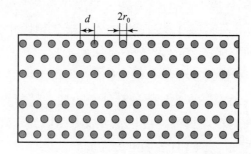

图8－2　等边三角形排列光子晶体波导二维结构示意图

通过调节排列周期性参数 d 与介质柱尺寸 r_0，可实现工作频率通带的调节。对于方形排列周期性介质柱，当 $d = 750\ \mu m$ 与 $r_0 = 375\ \mu m$ 时，其电性能如图 8 - 3 所示，实现了中心频率为 200 GHz，相对带宽约为 20% 的电磁场传输。对于等边三角形排列周期性介质柱，当 $d = 750\ \mu m$ 与 $r_0 = 375\ \mu m$ 时，同样实现了中心频率为 200 GHz，相对带宽约为 20% 的电磁场传输。可以看出，对于两种不同物理结构的光子晶体波导而言，具有相似的电性能，可以根据所需设计器件的物理结构进行选择。

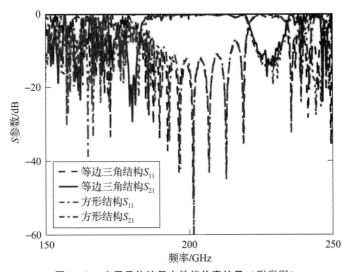

图 8 - 3　光子晶体波导电性能仿真结果（附彩图）

8.2.2　光子晶体太赫兹铁氧体环行器

铁磁性介质块材是铁氧体环行器的重要组成部分。通常而言，铁磁性介质特性呈现各向异性，磁导率张量决定了环行器的电磁场不可逆传输特性以及环行特性。若外加偏置磁场 H_0 方向垂直于磁性介质表面，则磁导率张量可根据式（7 - 1）~ 式（7 - 5）计算得到。将相对磁导率张量代入麦克斯韦方程组进行数值求解可得到空间中加载铁磁性介质的电磁场分布。为了在太赫兹频段实现较小的插损和较大的隔离度，选择柘榴石型铁氧体进行环行器的设计。

如图 8 - 4 所示，为太赫兹铁氧体环行器的三维结构模型，H_0 表示外加偏置磁场（单位为 A/m），r_g 表示铁氧体半径，P_1 ~ P_2 表示端口 1 ~ 端口 3。首先，通过周期性等边三角形排列的介质柱形成光子晶体导波结构；然后，通过铁氧体介质柱的空间排布实现电磁场的环行。其中，外加磁偏置平行于介质柱高度方向。

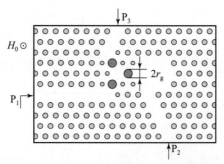

图 8-4　基于光子晶体的铁氧体环行器三维模型示意图

通过调节周期性排列的硅介质柱与铁氧体介质柱的尺寸，实现了工作于中心频率为 205 GHz 时较好匹配下的电磁场定向传输，电性能参数和电磁场分布如图 8-5 和图 8-6 所示。

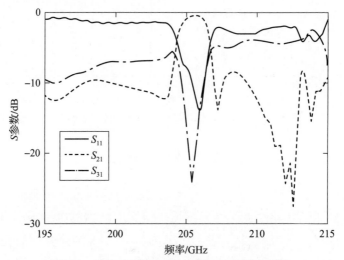

图 8-5　基于光子晶体的铁氧体环行器电性能参数

根据仿真结果可知，基于光子晶体三维结构结合铁氧体介质实现了电磁场的定向不可逆传输；在中心频率为 205 GHz 时，工作带宽为 3 GHz，隔离度为 -25 dB，回波损耗为 -15 dB；相较于仅能在点频处工作的环行器设计，更符合实际工程应用需要。而且，采用的柘榴石型铁氧体具有损耗低、易于实现的特点。

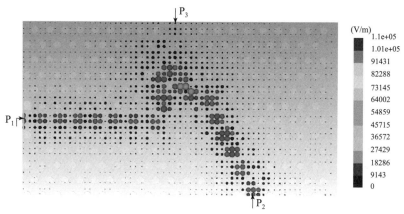

图 8 - 6　基于光子晶体的铁氧体环行器在频率 $f_0 = 205\,GHz$ 时的三维电场分布图（附彩图）

8.3　本章小结

本章基于光子晶体波导提出了一种太赫兹铁氧体环行器设计方法。通过多层高介电常数介质柱的周期性排列首先实现了低导电损耗下的太赫兹波传输；通过平面耦合实现了太赫兹铁氧体环行器设计，在中心频率为 205 GHz 时，隔离度为 - 25 dB，回波损耗为 - 15 dB，实现了较好的工作性能。这种方法具有平面化、损耗小、可集成度高和便于系统设计等优点，在太赫兹系统设计中具有较大的应用潜力。

参 考 文 献

［1］李允植. 太赫兹科学与技术原理［M］. 崔万照，李韵，史平彦，等译. 北京：国防工业出版社，2012.

［2］PEIPONEN K - E, ZEITLER J A, KUWATA - GONOKAMI M. 太赫兹光谱与成像［M］. 崔万照，李韵，史平彦，等译. 北京：国防工业出版社，2016.

［3］SHALABY M, PECCIANTI M, OZTURK Y, et al. A magnetic non -

reciprocal isolator for broadband terahertz operation ［J］. Nature Communications, 2013, 4（3）: 1558.

［4］ JOHN S. Strong localization of photons in certain disordered dielectric superlattices ［J］. Physical Review Letters, 1987, 58（23）: 2486 - 2489.

［5］ SMIGAJ W, ROMEROVIVAS J, GRALAK B, et al. Magneto - optical circulator designed for operation in a uniform external magnetic field ［J］. Optics Letters, 2010, 35（4）: 568 - 570.

［6］ FAN F, CHANG S J, NIU C, et al. Magnetically tunable silicon - ferrite photonic crystals for terahertz circulator ［J］. Optics Communications, 2012, 285（18）: 3763 - 3769.

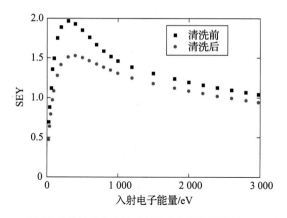

图 2-4　采用离子清洗前和清洗后的铝合金镀银样片的 SEY 测量曲线

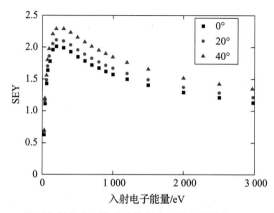

图 2-5　不同入射角度下未清洗的铝合金镀银样片的 SEY 测量曲线

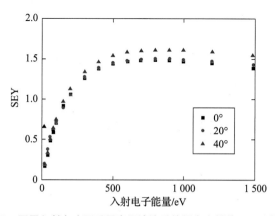

图 2-6　不同入射角度下采用离子清洗后的铝合金样片 SEY 测量曲线

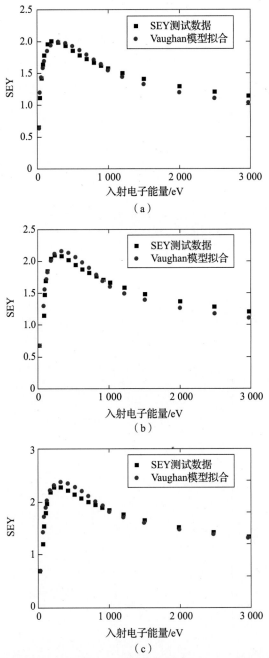

图 2 - 7　不同入射角度下未采用离子清洗的铝合金镀银样片 SEY 曲线测量值与模型拟合值

(a) 0°；(b) 20°；(c) 40°

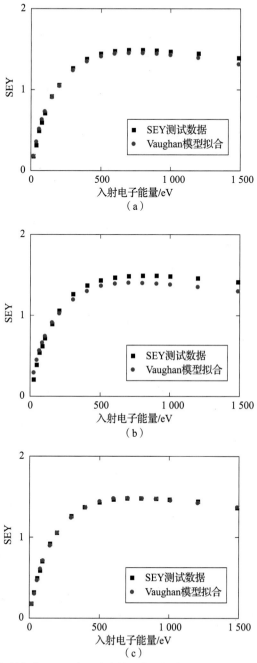

图 2-8　不同入射角度下采用离子清洗的铝合金样片 SEY 曲线测量值与模型拟合值

（a）0°；（b）20°（c）40°

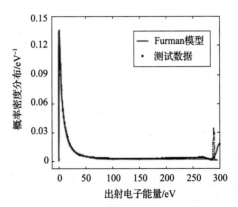

图 2 - 10 铝合金镀银样片的 SEE 能谱曲线

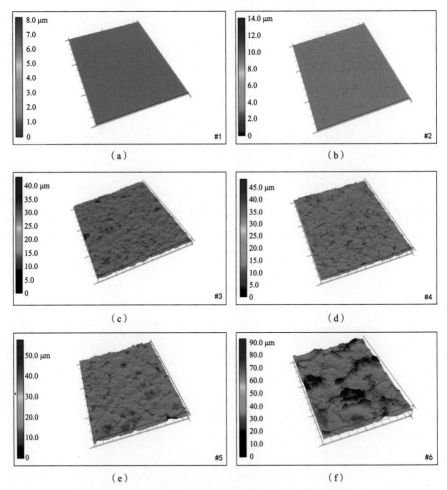

图 2 - 12 具有不同表面随机粗糙度样片的微观三维形貌图

（a）$R_a = 0.1\ \mu m$；（b）$R_a = 0.3\ \mu m$；（c）$R_a = 1.6\ \mu m$；

（d）$R_a = 2.3\ \mu m$；（e）$R_a = 3.9\ \mu m$；（f）$R_a = 6.4\ \mu m$

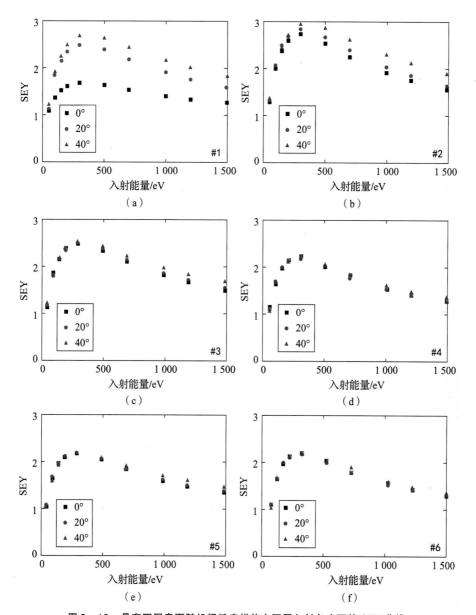

图 2 − 13　具有不同表面随机粗糙度样片在不同入射角度下的 SEY 曲线

（a）$R_a = 0.1 \, \mu m$；（b）$R_a = 0.3 \, \mu m$；（c）$R_a = 1.6 \, \mu m$；

（d）$R_a = 2.3 \, \mu m$；（e）$R_a = 3.9 \, \mu m$；（f）$R_a = 6.4 \, \mu m$

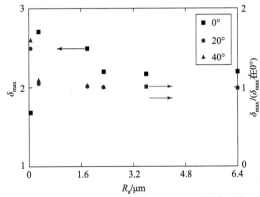

图 2-14 具有不同表面随机粗糙度样片在不同入射角度下的 δ_{max} 变化趋势

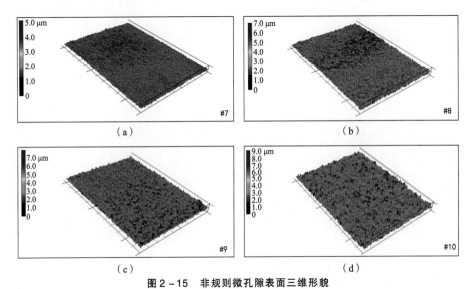

图 2-15 非规则微孔隙表面三维形貌

（a） $A_R = 0.75$；（b） $A_R = 1.17$；（c） $A_R = 1.38$；（d） $A_R = 1.34$

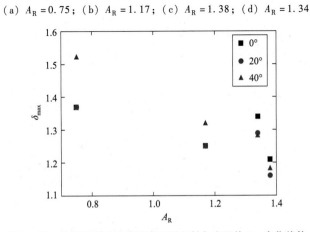

图 2-16 非规则微孔隙表面在不同入射角度下的 δ_{max} 变化趋势

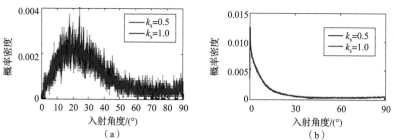

图 2-20 金属阻抗变换器中不同表面状态下粒子入射角度概率密度分布

（a）初始化阶段；（b）发生微放电阶段

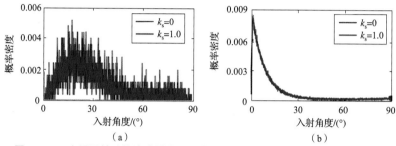

图 2-21 金属同轴腔体滤波器中不同表面状态下粒子入射角度概率密度分布

（a）初始化阶段；（b）发生微放电阶段

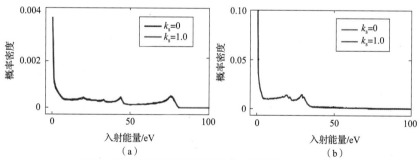

图 2-22 不同表面状态下粒子入射能量概率密度分布

（a）阻抗变换器；（b）同轴腔体滤波器

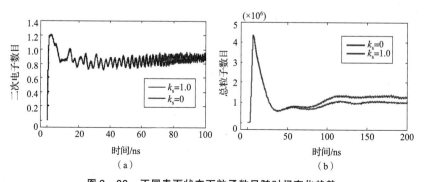

图 2-23 不同表面状态下粒子数目随时间变化趋势

（a）阻抗变换器；（b）同轴腔体滤波器

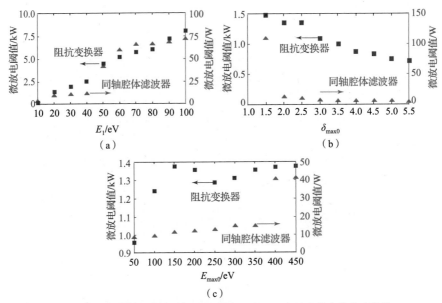

（a）

（b）

（c）

图 2-24　金属微波部件中微放电阈值随二次电子发射特性参数的变化情况

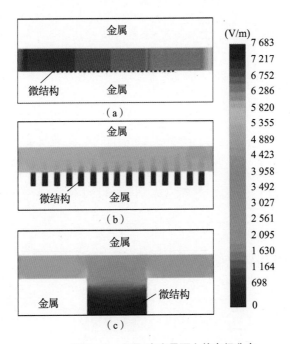

图 3-6　金属/真空界面上的电场分布

（a）$\lambda_a = 0.001$；（b）$\lambda_a = 0.01$；（c）$\lambda_a = 0.1$

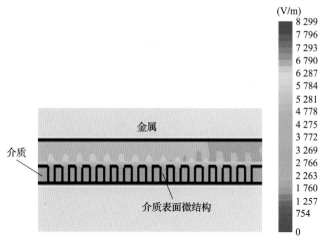

图 3-8　真空/介质界面上的电场分布

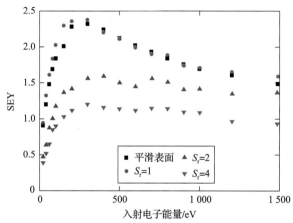

图 3-11　具有微结构磁性介质/真空界面上不同 S_r 下的 SEY 曲线

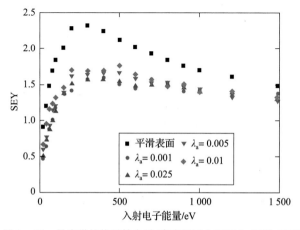

图 3-12　具有微结构磁性介质/真空界面上不同 λ_a 下的 SEY

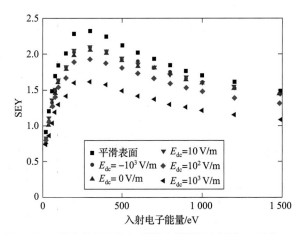

图 3-13　具有微结构真空/磁性介质界面上不同 E_{dc} 下的 SEY

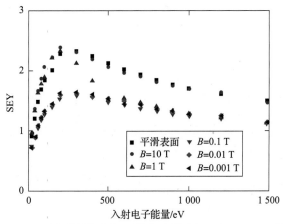

图 3-14　具有微结构真空/磁性介质界面上不同 B 下 SEY 曲线

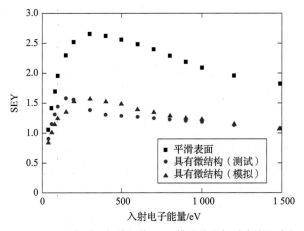

图 3-15　具有微结构铁氧体 SEY 模拟结果与测试结果对比

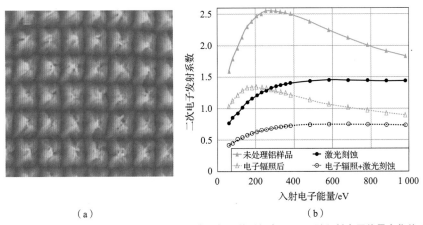

（a）　　　　　　　　　　　　　　　　　　（b）

图 4-3　激光刻蚀加工规则表面及一定剂量电子辐照前后铝表面 SEY 随入射电子能量变化关系

（a）激光刻蚀后金属表面形貌图像；（b）刻蚀和辐照前后金属铝表面 SEY 随入射电子能量变化关系

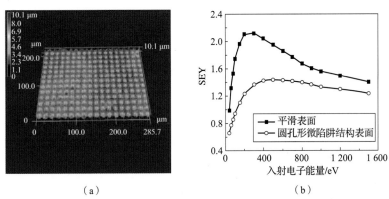

（a）　　　　　　　　　　　　　　　　　　（b）

图 4-4　光刻辅助的化学腐蚀圆形陷阱结构 SEY 抑制研究

（a）圆形陷阱结构的激光显微镜图像；（b）圆形陷阱结构制备前后表面 SEY 随入射电子能量变化关系

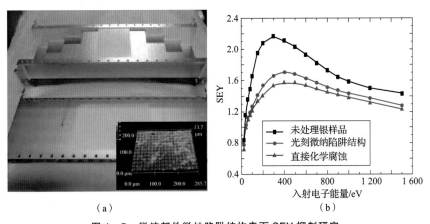

（a）　　　　　　　　　　　　　　　　　　（b）

图 4-5　微波部件微纳陷阱结构表面 SEY 抑制研究

（a）微波部件图像与陷阱结构形貌；（b）处理前后表面 SEY 随入射电子能量变化关系

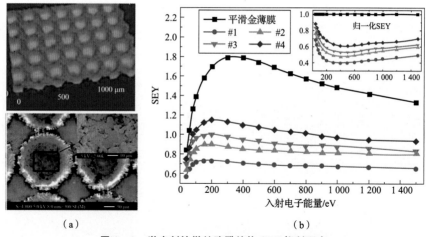

（a）　　　　　　　　　　　　　　（b）

图 4 - 6　激光刻蚀微纳陷阱结构 SEY 抑制研究

（a）激光刻蚀陷阱结构形貌；（b）表面 SEY 随入射电子能量变化关系

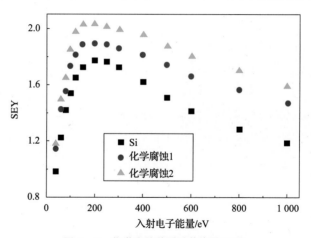

图 4 - 9　化学腐蚀前后硅片表面 SEY

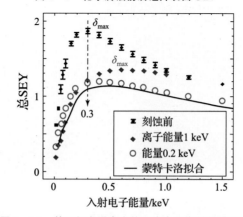

图 4 - 11　基于氩离子轰击的二次电子发射特性研究

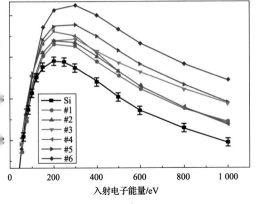

图 4 - 15 紫外曝光结合反应离子刻蚀技术制备的
规则周期陷阱结构表面 SEY 曲线

图 4 - 17 规则周期陷阱结构表面 SEY

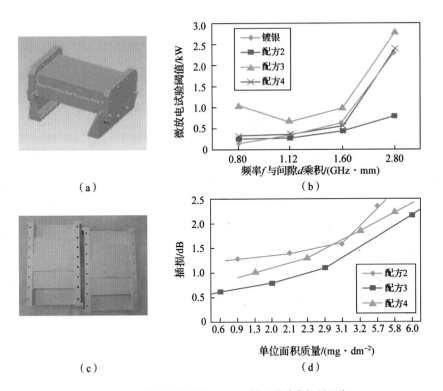

（a）

（c）

图 4 - 18 微波部件表面 Alodine 镀层微放电抑制研究

（a）波导变换段；（b）试验件微放电阈值；

（c）试验件微放电后；（d）不同配方厚度镀膜的插损

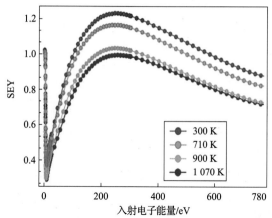

图 4 - 19　非晶碳层石墨化后的二次电子发射抑制研究

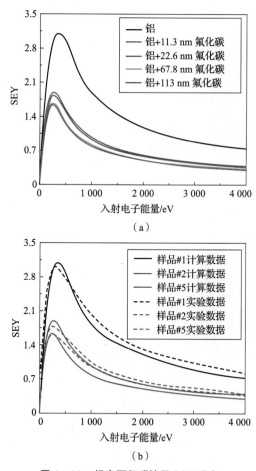

（a）

（b）

图 4 - 20　铝表面氟碳镀层 SEY 研究

（a）不同表面 SEY 随入射电子能量变化关系；（b）计算结果与试验对比

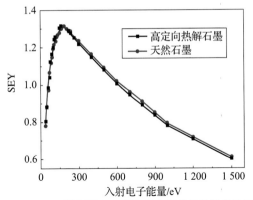

图 4 - 22　石墨表面 SEY 随入射电子能量的变化关系

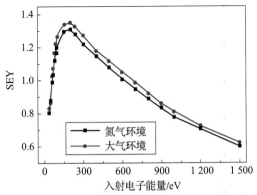

图 4 - 23　在大气及氮气环境长时间放置下的 SEY 变化

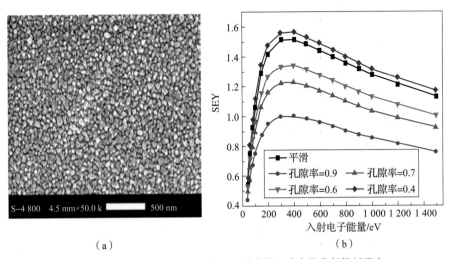

（a）　　　　　　　　　　　　　（b）

图 4 - 25　基于金纳米结构复合处理技术的二次电子发射抑制研究

（a）金纳米结构扫描电子显微镜图像；（b）表面 SEY 随入射电子能量变化关系

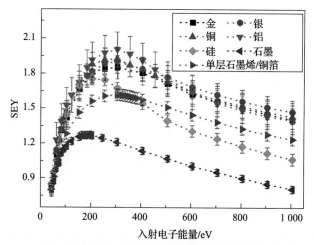

图 5 - 1　不同材料表面，SEY 随入射电子能量的变化关系

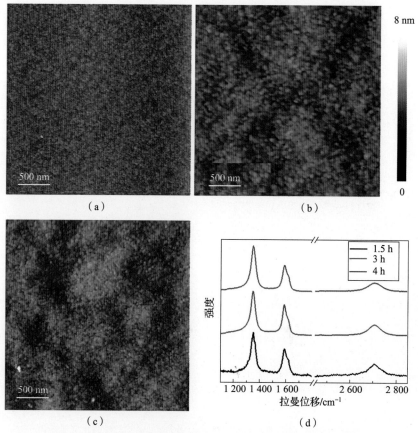

图 5 - 6　氧化硅表面石墨烯薄膜原子力显微镜图像与拉曼光谱数据

（a）~（c）石墨烯原子力显微镜图像；（d）不同生长时间的石墨烯拉曼光谱

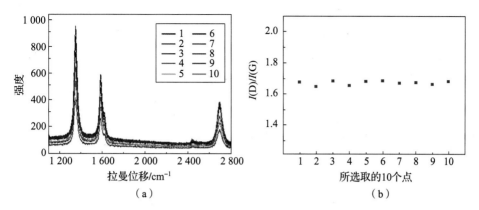

图 5 - 9 不同基片的纳米石墨烯薄膜拉曼光谱和特征峰强比统计结果

（a）10 个不同区域石墨烯拉曼光谱；（b）D 峰与 G 峰的峰强比值

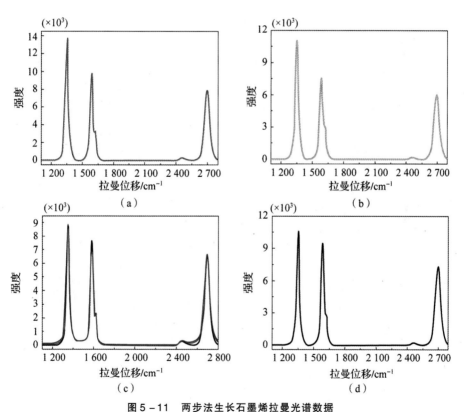

图 5 - 11 两步法生长石墨烯拉曼光谱数据

（a）样品#01 任取 2 点拉曼光谱；（b）样品#02 任取 2 点拉曼光谱；

（c）样品#03 任取 3 点拉曼光谱；（d）样品#04 任取 2 点拉曼光谱

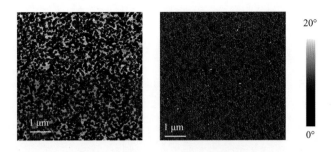

（a）　　　　　　　　　　　　　　（b）

图 5 - 12　两步法生长石墨烯薄膜

（a）分立薄膜；（b）连续薄膜

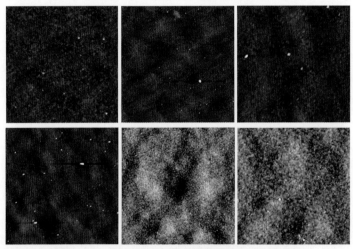

图 5 - 13　氧化铝表面石墨烯薄膜原子力显微镜图像

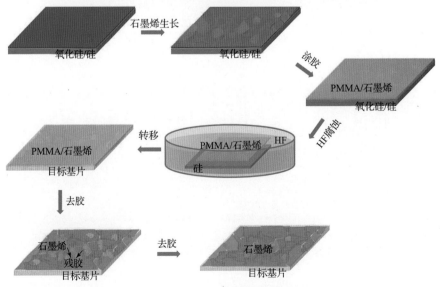

图 5 - 14　氧化硅表面石墨烯转移至目标基片流程图

（a）   （b）

图 5 - 16   单层石墨烯薄膜表面原子力显微镜图像

（a）残胶去除前；（b）残胶去除后

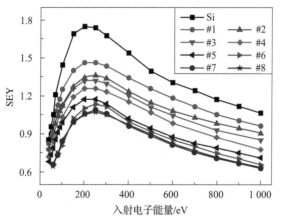

图 5 - 19   重掺杂硅不同厚度石墨烯镀膜，SEY 随入射电子能量变化

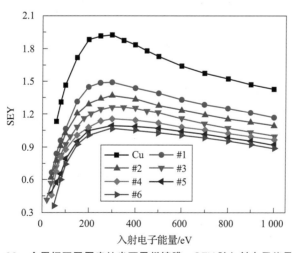

图 5 - 22   金属铜不同厚度纳米石墨烯镀膜，SEY 随入射电子能量变化

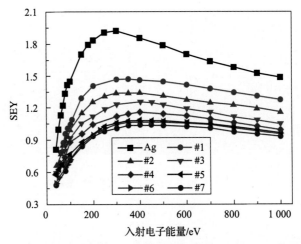

图 5 – 23　金属银不同厚度纳米石墨烯镀膜，SEY 随入射电子能量变化

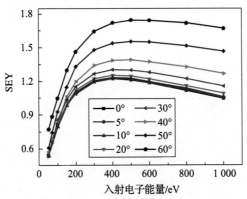

图 5 – 24　不同入射角度下，铜基片石墨烯镀膜表面 SEY 随入射电子能量的变化

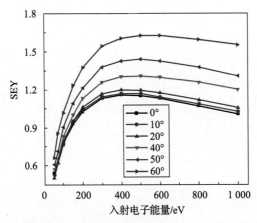

图 5 – 27　不同入射角度下，银基片石墨烯镀膜表面 SEY 随入射电子能量的变化

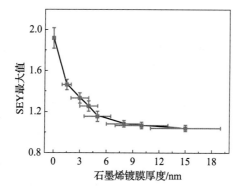

图 5 - 28　银基片石墨烯镀膜表面 SEY 均匀性分析

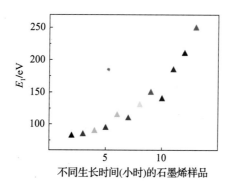

图 5 - 29　随着石墨烯生长时间的延长，金属表面对应的 E_1

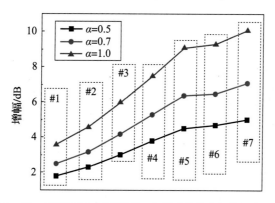

图 5 - 30　不同厚度石墨烯镀膜，可提升微放电阈值幅度分析

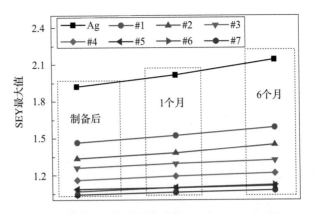

图 5 - 31 干燥环境下，不同厚度镀膜样品 SEY 最大值随时间变化分析

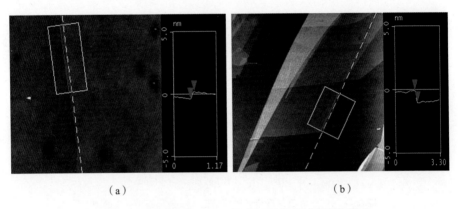

（a）   （b）

图 5 - 32 不同粗糙度表面，单层石墨烯原子力显微镜图像

（a）粗糙度为 0.15 nm，单层厚度为 0.59 nm；（b）粗糙度为 0.28 nm，单层厚度为 0.86 nm

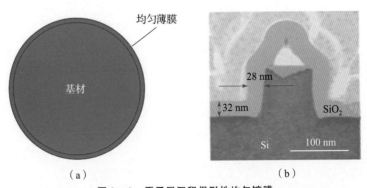

（a）   （b）

图 6 - 1 原子层沉积保形性均匀镀膜

（a）原子层沉积保形薄膜示意图；（b）原子层沉积扫描电子显微镜图像

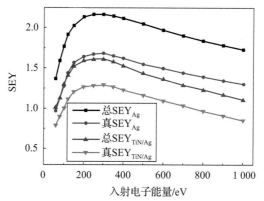

图 6 - 7　SEY 随入射电子能量的变化关系

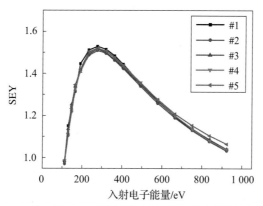

图 6 - 8　同一样品，不同区域的 SEY 随入射电子能量的变化

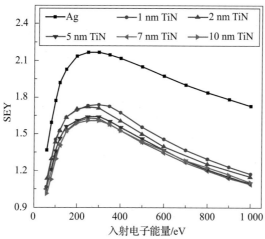

图 6 - 10　不同氮化钛镀膜厚度下，SEY 随入射电子能量的变化关系

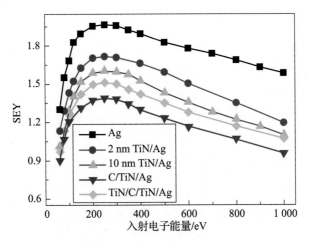

图 6 - 17 氮化钛/碳复合纳米薄膜，SEY 随入射电子能量的变化关系

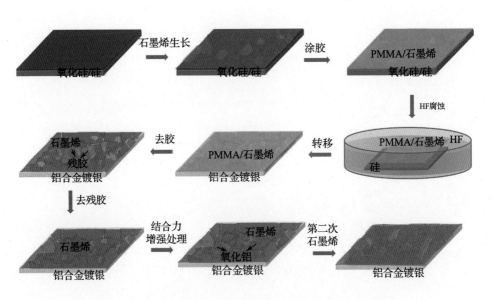

图 6 - 27 微波部件铝合金材料表面石墨烯转移镀膜过程示意图

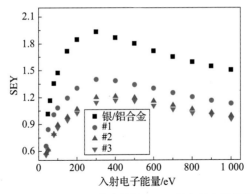

图 6 - 28　不同表面处理铝合金镀银，SEY 随入射电子能量的变化

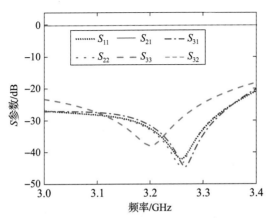

图 7 - 4　单基片铁氧体环行器电性能仿真结果

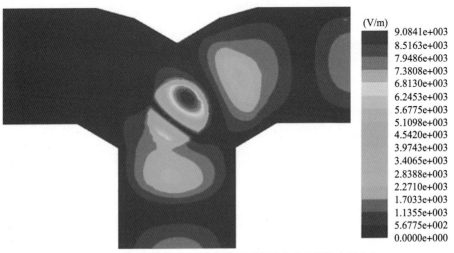

图 7 - 5　工作频率为 3.25 GHz 的单基片铁氧体环行器电场分布

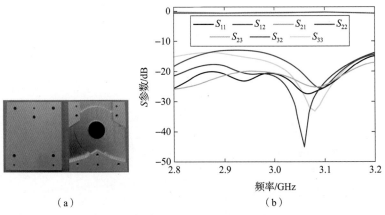

（a）

（b）

图 7-6　单基片铁氧体环行器及其电性能测试结果

（a）器件实物；（b）电性能测试结果

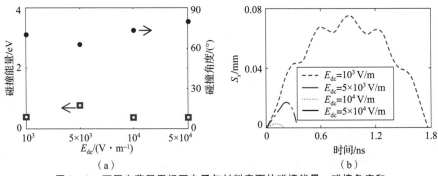

（a）

（b）

图 7-8　不同电荷积累场下电子与材料表面的碰撞能量、碰撞角度和

电子运动轨迹（$E_{rf} = 10^4$ V/m）

（a）电子碰撞能量、碰撞角度；（b）电子运动轨迹

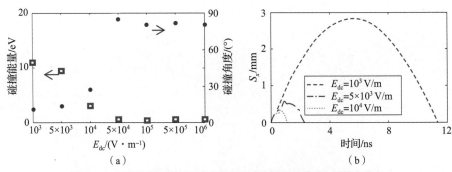

（a）

（b）

图 7-9　不同电荷积累场下电子与材料表面的碰撞能量、碰撞角度和

电子运动轨迹（$E_{rf} = 10^5$ V/m）

（a）电子碰撞能量、碰撞角度；（b）电子运动轨迹

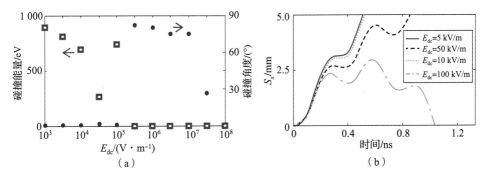

图7-10 不同电荷积累场下电子与材料表面的碰撞能量、碰撞角度和电子运动轨迹($E_{rf}=10^6$ V/m)

（a）电子碰撞能量、碰撞角度；（b）电子运动轨迹

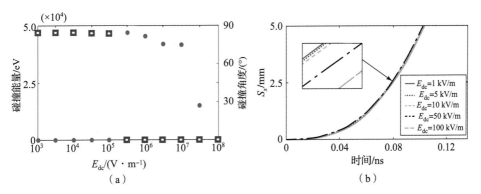

图7-11 不同电荷积累场下电子与材料表面的碰撞能量、碰撞角度和电子运动轨迹($E_{rf}=10^7$ V/m)

（a）电子碰撞能量、碰撞角度；（b）电子运动轨迹

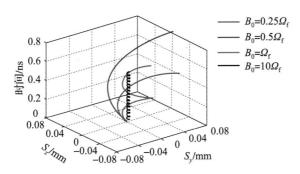

图7-12 不同静磁场作用下的电子回旋运动轨迹

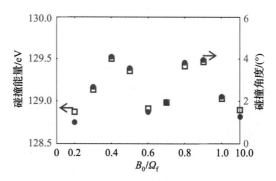

图 7 - 13　不同静磁场作用下的电子碰撞能量和角度

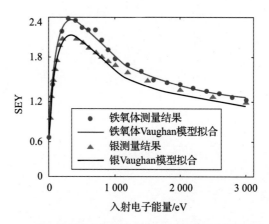

图 7 - 16　铁氧体样片与银样片的 SEY 测量结果与模型拟合结果

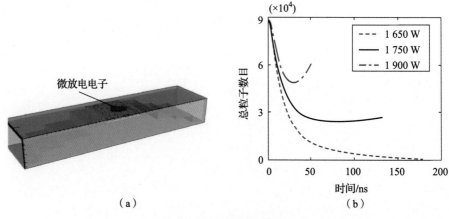

（a）　　　　　　　　　　　　　　　（b）

图 7 - 18　5 阶阻抗变换器

（a）对称结构的三维模型；（b）计算区域中总粒子数目随时间变化的趋势

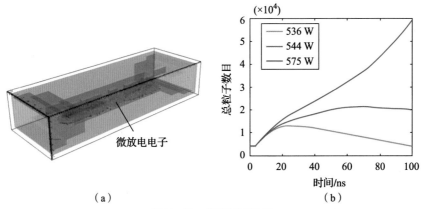

（a）

（b）

图 7-19　脊波导滤波器

（a）三维模型；（b）计算区域中总粒子数目随时间变化的趋势

（a）　　　　　　　　　　　　（b）

图 7-23　铁氧体环行器微放电电子聚集效应三维图

（a）相位聚集效应；（b）二次电子倍增效应

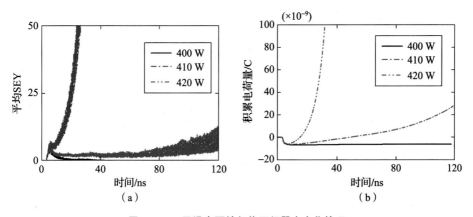

（a）　　　　　　　　　　　　（b）

图 7-28　平滑表面铁氧体环行器中变化情况

（a）平均 SEY 随时间变化曲线；（b）铁氧体介质表面积累电荷量随时间变化曲线

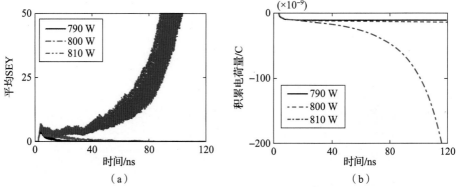

图7-31　具有平滑表面金属和微结构表面铁氧体介质环行器

（a）平均 SEY 随时间变化曲线；（b）铁氧体介质表面积累电荷量随时间变化曲线

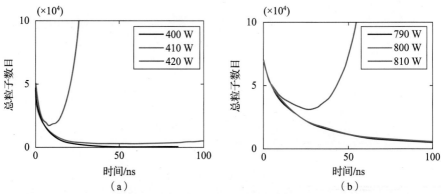

图7-32　当输入功率不同时，具有不同表面状态的铁氧体环行器中总粒子数目随时间演变

（a）平滑表面铁氧体环行器；（b）具有微结构表面铁氧体－平滑表面金属环行器

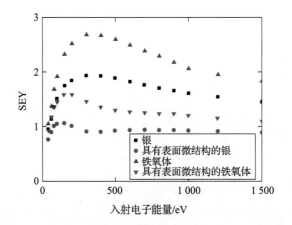

图7-34　具有微孔结构的银样片和铁氧体样片 SEY 测量结果

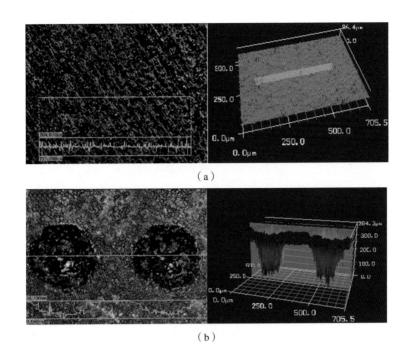

（a）

（b）

图 7 - 37　铁氧体介质样片表面形貌

（a）原样；（b）制备表面微结构阵列

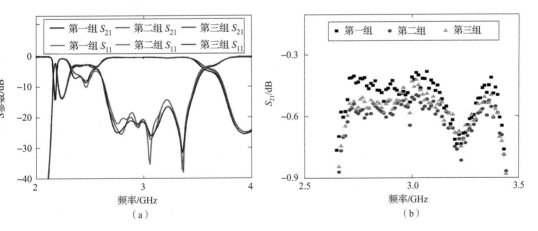

（a）　　　　　　　　　　　（b）

图 7 - 39　铁氧体环行器电性能测试结果

（a）S 参数；（b）S_{21}

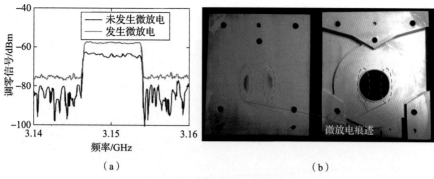

（a）   （b）

图 7 - 41　第一组铁氧体环行器

（a）微放电调零信号跳变示意图；（b）微放电痕迹

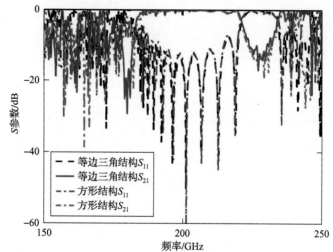

图 8 - 3　光子晶体波导电性能仿真结果

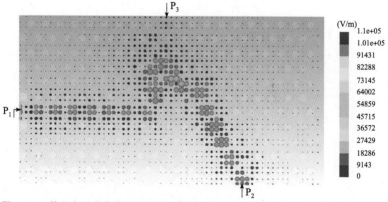

图 8 - 6　基于光子晶体的铁氧体环行器在频率 $f_0 = 205$ GHz 时的三维电场分布图